教育部卓越教师培养计划改革项目成果教材

物理

（上 册）

主 编 魏细耀 曹先玲
副主编 罗花英

特配电子资源

微信扫码
- 延伸阅读
- 视频学习
- 互动交流

南京大学出版社

内容简介

本书是学生在已经学习了初中物理知识的基础上，进入高等教育阶段，进一步学习物理学的基本概念和规律的参考教材。本书主要内容共分7章，涉及运动学、力学、声学、热学。编排从学前和小学科学教育的实际出发，注重物理知识的针对性和实用性。每章结合观察和实验，安排了相应实验、阅读材料和习题。

本书既可作为初中起点的高职高专、中职院校、高等院校初中起点五年制、六年制预备阶段的教材，也可作为各类幼儿园、小学教师培训机构教学用书，还可作为小学教师、幼儿园教师等相关人员的参考教材。

图书在版编目(CIP)数据

物理. 上册 / 魏细耀，曹先玲主编. — 南京 ：南京大学出版社，2020.8(2021.8 重印)
ISBN 978-7-305-23596-2

Ⅰ. ①物… Ⅱ. ①魏… ②曹… Ⅲ. ①物理学—高等师范院校—教材 Ⅳ. ①O4

中国版本图书馆 CIP 数据核字(2020)第 127317 号

出版发行　南京大学出版社
社　　址　南京市汉口路 22 号　　　邮　编　210093
出 版 人　金鑫荣

书　　名　物理(上册)
主　　编　魏细耀　曹先玲
责任编辑　刘　飞　　　编辑热线　025-83592146

照　　排　南京南琳图文制作有限公司
印　　刷　南京人民印刷厂有限责任公司
开　　本　787×1092　1/16　印张 9　字数 215 千
版　　次　2020 年 8 月第 1 版　2021 年 8 月第 2 次印刷
ISBN 978-7-305-23596-2
定　　价　42.00 元

网址：http://www.njupco.com
官方微博：http://weibo.com/njupco
官方微信号：njupress
销售咨询热线：(025) 83594756

前言

学前教育、小学教育是国民教育体系的重要组成部分，教育质量的高低必须以高水平的师资为基础和保障。小学教育和学前教育教师的培养，是以培养具有一定理论知识和较强实践能力，面向教育教学的专门人才为目的的教育。近年来，初中起点的五年制、六年制学前和小学教育迅速发展，同时随着国家和社会对基础教育的重视和关注度越来越高，幼儿园、小学教师在职培训的规模也迅速扩大。

编写本教材前，编者认真研读《教师教育课程标准（试行）》和《幼儿园教师专业标准（试行）》等文件，根据人才培养方案和教学大纲，本书在内容选取、章节编排等方面紧密结合小学、幼儿园科学教育实际，内容涉及运动学、力学、声学、热学等普通物理学的基本概念和基本规律，注重学习者能够发现并解答生活中的物理问题，从而从物理学习中理解方法论，培养科学研究思维方式和解决问题的能力，进一步提升科学素养。

全书由长沙师范学院魏细耀、长沙师范学院曹先玲担任主编，由湘中幼儿师范高等专科学校罗花英担任副主编。最后由魏细耀负责统稿审定。

本书在编写过程中参考及借鉴了有关文献资料和参考教材，在此对原作者表示衷心感谢。由于编者水平有限，经验不足，书中的缺点和错误在所难免，恳请读者给予批评指正。

编　者

2020年6月

目 录

绪 论

第一章　物体的运动　直线运动

第二章　力

第三章　牛顿运动定律

第四章　曲线运动

第五章　力学中的守恒定律

第六章　振动　波　声学

第七章　热力学　物质三态

绪　论

自然界广袤无垠，万象纷呈。当今人们探索自然界的尺度，在空间范围上，可以大到约 2×10^{26} m(约 200 亿光年)的宇宙天体，也可以小到线度仅在 1×10^{-16} m 以下的某些基本粒子；在时间范围上，最长可以到 1.5×10^{18} s(约 200 亿年)的宇宙年龄，最短可以到只有 $1\times10^{-24}\sim1\times10^{-23}$ s 的某些微观粒子的寿命。在这样一个浩瀚无垠的时空范围内，存在着各种各样的物质客体，它们在运动中彼此相互作用，相互转化。这些不同物质及其不同的运动形式，各自具有特殊的规律性。对这些客观规律的研究，就形成了各门不同的自然科学。物理学就是其中的一门自然科学。

一、物理学的研究对象与分类

1. 什么是物理学

物理学是自然科学中最基本的科学，是研究物质结构的最一般规律、基本结构以及物质之间的相互作用和相互转化的科学。

物理学具有极大的普遍性，它为很多自然科学、工程技术提供了理论基础和实验技术。物理学的基本理论渗透到自然科学的许多领域，应用于生产技术的诸多部门，它们之间相互影响，不断发展。

2. 物理学的分类

人们研究自然界发生的各种物理现象，寻找其内在规律，阐明其发生原因，逐步形成了物理学的许多分支科学。一类根据研究对象的不同，物理学可以分为力学、热学、声学、电磁学、光学、原子和原子核物理学、凝聚态物理学、粒子物理学、天体物理学等。另一类根据研究方法的不同，物理学可以分为实验物理学和理论物理学。

在所有的自然科学中，物理学是发展得最早、实验手段最先进、理论体系最完善、研究范围最广的一门学科。

从时间上看，物理学的研究范围长到宇宙、天体的年龄，短到某些基本粒子的寿命。按照现代的标准宇宙模型，宇宙是在约 150 亿年前的一次大爆炸中形成的。以秒为单位，宇宙的年龄约为 10^{18} s 的数量级。天体物理学家通过各种手段，探测宇宙诞生早期的信息，力图准确地了解宇宙诞生、演变的情况，清晰地描绘这个最为宏伟壮观的过程。粒子物理学研究的是质子、中子、电子、光子等微观粒子的运动变化的规律。在研究中粒子物理学家发现除质子、光子、电子、中微子等是稳定的外，其余的粒子都不稳定，即粒子经过一定时间就会衰变为其他粒子。粒子从产生到衰变前存在的平均时间,叫粒子的寿命。人们已经能够用实验的方法测量出一种寿命非常短的粒子,其数量级为 10^{-25} s。

从空间上看,物理学的研究范围也是非常广的,大到宇宙、天体的尺度,小到原子核的线度。目前天体物理学家已经观测到的宇宙范围约为 10^{26} m,粒子物理学家能够测量到的微观粒子的尺度为 10^{-15} m,共跨越了 42 个数量级,然而,这也不等于物质世界的空间尺度,更不等于物理学研究的空间范围,按照宇宙大爆炸理论,我们的宇宙不是静态的,它在迅速地膨胀中。物理学家还要研究未来的宇宙,研究更大的空间尺度。现代物理学理论告诉我们,空间的最小尺度为 10^{-35} m 的数量级。理论物理学家也早已深入到对发生在更小的空间范围的物理过程的研究。

物理学研究对象的时间尺度与空间尺度也是紧密相连的,由于早期宇宙的信息是通过光信号传递给我们的,而光信号是以有限的速度传递的,因此我们对宇宙在时间上观察得越是久远,在空间上观察得就越深远。

物理学是一切自然科学的基础,物理学与其他自然科学的联系又是最紧密的,它与自然科学的各个领域相互交叉,形成了大量的交叉学科,如天体物理、生物物理、化学物理、地球物理、材料物理等。这些交叉学科牵涉到的一些课题,如生命的起源、宇宙探索、纳米技术等,是当前科学技术中最活跃、最具有发展潜力的部分。

二、物理学的特点

1. 物理学是观察、实验和科学思维相结合的产物

物理学和所有其他科学一样,必须依靠观察和实验,观察是有目的地了解物理现象以及影响物理现象的各种因素,以便对这种现象进行仔细研究,从而得到物理规律。但是,在某些情况下,有些物理现象只是偶尔发生,就需要人为地控制条件,利用仪器设备,突出物理现象的主要因素,使其反复再现,并且通过改变条件,以便发现条件的改变对物理现象的影响,这就是物理实验的方法。所以,观察和实验是了解物理现象、测量有关数据和获得感性知识的源泉,是形成、发展和检验物理理论的实践基础。若要使感性知识上升为物理理论,还要经过科学思维这一认识过程。这种认识过程通常是经过分析、综合、抽象、概括等思维活动,并通过建立概念、做出判断和推理来完成的。

物理模型的建立、物理概念的形成、物理规律的发现,都是观察、实验与科学思维相结合的产物。

当然,在物理学的发展史上还有一些物理理论首先是由物理学家做出预言,然后再通过实验检验这些理论的正确性的,必要时还需要对这些理论做出修正和改进。物理学发展到今天,在物理学家预言的新理论的指导下进行新实验的这一模式显得更为重要。事实说明,没有理论指导的实验往往是不能成功的。实验和理论之间的这种互相交织的关系使得物理学在坚实的基础上稳步前进。

2. 物理学的内容主要由物理概念和物理规律所构成，而其核心是物理概念

物理概念反映了客观事物、现象的物理本质属性。在自然界中，只有具有物理属性的事物和现象才能成为物理学研究的对象，也只有把该事物的物理属性从其他属性（如生物属性）中区分出来，并用定义的方式阐述才能形成物理概念。

物理概念能够定性地反映客观事物的本质属性，还有些物理概念能够定量地反映客观事物的本质属性，对于后一种物理概念，称之为物理量。例如，速度、加速度、力、温度、电容等，既可称它们是物理概念，又可称它们是物理量，而如速度的相对性，矢量性，线性波的叠加性，不同形式能量的可相互转化性等，就只能说它们是物理概念，而不能说它们是物理量。

物理概念是组成物理内容的基本单元，构成物理内容的另一重要部分是物理规律。物理学中的公式、定理、定律和原理等，统称为物理规律。物理规律是指物理现象之间的内在联系，表示物理概念之间实际存在着的关系。因此，在任何一个物理规律中，总是包含若干个有联系的物理概念，任何不相干的物理概念是不能组合起来构成物理规律的。所以不建立清晰的物理概念，也就谈不上对物理规律的掌握。

一个物理规律，不仅指明了组成规律的各物理概念的联系，它还揭示了各概念之间数量上的相互制约关系，这种相互制约关系，指明了物理现象发生和发展的“因果”。

物理规律按物质的运动性质分为：力学、热学、电磁学、光学、原子物理学等；按运动过程中物理量的变化特点分为：瞬时规律、分布规律、瞬时分布规律和守恒规律等。若过程中的物理量仅随时间变化，即称为瞬时规律；仅随空间变化，即称为分布规律；随两者改变时则称为瞬时分布规律；若不随两者改变，即称为守恒规律。

物理规律的建立都是有条件的，而且常常不显含在规律的表述之中。例如，牛顿运动定律只是在惯性系中成立。因此，学习物理规律，一定要注意其条件或适用范围。

3. 物理学是一门定量的科学，与数学有密切的联系

物理学是一门定量的科学，它与数学有着密切的联系。数学在物理学中的重要作用，主要表现为：

（1）数学作为“语言”工具，它是表达物理概念、物理规律最简洁、最准确的“语言”，只有把物理规律用数学形式表达出来，这个物理规律才能更准确地反映客观实际。所以说，物理理论是对物理世界的数学描述。

（2）数学也可作为一种“推理”工具，在物理学中，常常利用已知的规律，根据一定的条件，用数学工具推导出一些新的规律。

在研究和解决物理问题时，还常常需要用数学进行定量计算。可见，数学是物理学研究的重要工具，是物理理论的一种表述形式，特别在科学发展突飞猛进的今天，没有数学方法作为工具，物理学将寸步难行。

4. 物理学所研究的对象,几乎都是利用科学抽象和概括的方法建立的理想模型

客观存在的物理现象常常是错综复杂的,它可能受多种条件的制约且具有多方面的属性,然而,对于一定的物理现象,所有的条件和属性并非都起着同等重要的作用。为了研究方便,需要舍弃其中一些非主要因素(即条件和属性),突出其主要因素,从而建立理想模型。这种理想模型是指理想化客体和理想化过程。例如质点、刚体、弹簧振子、理想气体、点电荷、点光源、均匀电场、全辐射体等都是理想化模型。又如匀速直线运动、简谐振动、简谐波、等温过程、等压过程、绝热过程等都是理想化过程。

可见,物理学中的规律都是一定的理想化客体在一定的理想化过程中所遵循的规律,更本质地反映了同一类理想化客体的共同规律。运用理想模型研究物理问题,当然具有现实意义,因为只要根据实际情况,对理想模型稍做修改补充,所得到的物理规律就能够更好地符合真实客观世界的实际。

运用理想模型研究物理问题,是一种重要的科学研究方法,这种方法也适用于其他自然科学的研究。

5. 物理学与辩证唯物主义哲学有着密切关系

物理学研究的是自然界最基本、最普遍的运动规律,因此它与辩证唯物主义哲学的关系极为密切。哲学的发展水平与物理学的发展程度是相适应的,经常从物理学的最新成果中汲取营养,不断丰富和发展哲学的各个基本原理,所以物理学是哲学的一个基础。物理学发展历史表明,物理学的发展始终离不开辩证唯物主义哲学的指导,辩证唯物主义哲学是物理学健康发展的重要武器,物理学的内容充满着活的辩证法。例如,物理学中对于物质结构和各种运动规律的认识,相对论中关于时、空的看法,对光现象认识的辩证过程以及物理学的研究方法等,无不说明辩证唯物主义哲学原理与物理学的密切关系,从一定意义上说,物理学和辩证唯物主义哲学是从不同的方面完成人类认识物质世界的任务的,都在促进人类的文明发展。

三、物理学的发展与社会进步

物理学的发展源远流长,并经历了几次大的飞跃。16 世纪以前的物理学只是一些不系统的物理知识。16 世纪至 19 世纪,物理学建立了一套以经典力学、热力学、统计物理学、经典电动力学为基础的理论体系,被称为经典理论物理学或古典理论物理学。19 世纪末至 20 世纪初,物理学经历了一次比以前更为深刻的变革,诞生了以相对论和量子力学为基础理论的现代物理学。

从远古时代一直到中世纪,在漫长的历史进程中,人类从生活和生产的实践活动中逐步积累了一些物理学知识,特别在静力学、几何光学、静电现象、物质的磁性、声学等方面积累了不少知识和发现了一些简单的定律,对物质的结构和相互作用也提出了不

少有意义的看法。中国、古希腊等文明古国都有很大的贡献，例如，我国古代的《墨经》《考工记》《淮南子》《梦溪笔谈》等著作中就有不少物理知识的记载。不过，这一时期由于生产力水平的低下以及封建制度和欧洲大陆宗教神学的统治，使得人们对物理知识的积累只是零碎的，未能形成一门独立的学科，因此，这个时期的物理学只是处在萌芽时期。

欧洲文艺复兴时期以后，由于人们思想上的解放，积极探索自然规律的气氛逐步形成，加之工业生产的不断发展，给自然科学提供了新的实验工具和手段。同时也因为数学的进步，使得物理学的迅速发展成为可能，并形成一门独立的学科。从16世纪到19世纪末，先后由牛顿(Newton)建立了经典力学，首先统一了天体和地面物体的运动；由迈耶(Mayer)、焦耳(Joule)、克劳修斯(Clausius)、玻耳兹曼(Bolzmann)、吉布斯(Gibbs)等人建立了热力学和统计物理学，发现了热运动和其他各种运动形式的相互联系和转化，建立了能量守恒定律，找到了宏观现象与微观客体运动之间的联系；以法拉第(Faraday)和麦克斯韦(Maxwell)为主要创始人的电磁学和电动力学，把过去认为互不关联的电、磁、光等现象统一了起来，这样就逐步形成了完整的经典物理学理论体系。

经典物理学建立后，对于一般常见的物理现象都可以从这一理论中得到满意的解释。因而，不少物理学家认为物理学的大厦已经基本落成，人类对自然界基本规律的认识已经到了尽头，剩下的事情不多了。但是，19世纪末20世纪初的科学实验却进一步揭示了许多经典物理学无法解释的现象，特别是微观世界和高速领域许多新现象的发现，导致了物理学的一场伟大而深刻的革命。这场革命的主要结果是相对论和量子论的诞生。爱因斯坦(Einstein)建立的相对论，把物质、运动、时间、空间统一起来，形成了新的时空观。由普朗克(Planck)、玻尔(Bohr)、海森堡(Heisenberg)、德布罗意(de Broglie)、薛定谔(Schrodinger)等人建立的量子理论——量子力学，进一步把实物和场统一起来，并揭示了物质的波粒二象性，找到了认识微观世界的钥匙。这两门学科的建立，标志着物理学进入了近代物理学阶段。

20世纪以来，物理学发展的一个趋势是，许多物理学家以相对论和量子力学为理论基础，将物理理论、研究方法和实验手段用于研究自然科学的其他领域，如生物物理学、遗传工程学等。物理学本身也出现了许多分支学科，如天体物理学、凝聚态物理学、等离子态物理学、激光理论等。另外，人们的探索也已从研究平衡态到研究近平衡态，直到研究远离平衡态的各种现象，而在研究远离平衡态的有序现象的耗散结构理论和协同论等方面，近期内已有了飞速发展。总之，物理学向其他有关自然科学的渗透，推动了这些学科的发展。人们常把20世纪50年代以后的物理学的发展，称之为现代物理学。

当今，物理学发展的另一趋势是沿着两个前沿领域展开，这两个领域是粒子物理学和天体物理学。粒子物理学以量子场论作为理论基础，以高能加速器、宇宙射线探测为其实验手段，研究基本粒子的内部结构、它们的相互作用和相互转化的规律，目前，这一领域的研究十分活跃，人们已经发现了不同层次的许多粒子，例如对夸克模型、轻子模型的研究都有许多建树。而天体物理学是在广义相对论的理论基础上，将粒子物理学和凝聚态理论结合起来，运用巨大的天文望远镜及射电技术、航天技术，对宇宙天体进行观察研究，并根据观察结果对天体的演化进行理论分析，其中一个重要成果是“宇宙大爆炸”理论。宇宙是从一个无限稠密的状态开始的,在大爆炸中“创生”了时间和空间,以及宇宙中的一切物质。根据天体物理学家的推算,大爆炸发生在距今约200亿年前,不少观察资料表明,所有的遥远星系都正在退离我们而去,宇宙仍在膨胀之中,而且膨胀在所有方向上都是相同的,也就是说,宇宙是惊人地对称的,这些与大爆炸理论非常吻合。

总之,物理学既是一门“古老”的学科,又是一门生气勃勃、具有广泛发展前景的学科。物理学的成就深刻地影响了人类对自然界的见解。自然界是有规律的,人类的智慧是能够认识这些规律,并能利用这些规律来改变自己的生活的。物理学将对人类的文明不断地做出贡献。

人类对客观世界的认识,从迷信到科学、从现象到本质、从肤浅到深入,经历了漫长的过程,到现在已经达到一个很高的水平,在这个过程中物理学一直发挥着巨大的作用。物理学作为科学技术的基础,对社会生产力的发展起着非常重要的作用。物理学的发展是推动人类历史上几次重大的工业革命的最直接最有力的原动力。我们已经看到物理学在推动社会进步方面一直发挥着不可替代的、巨大的作用。在科学革命的强力推动下,现代社会的生产力水平已经发展到一个空前的高度。种种迹象表明,在不久的将来,世界科学技术很有可能在材料科学(纳米技术、高温超导等)、信息科学(量子计算机)、生命科学、脑与认知科学、地球与环境科学等领域,乃至自然科学与社会科学之间的交叉领域,形成新的科学前沿,发生新的突破。这种突破将引发新一轮的工业革命。

现代社会的发展越来越依靠科学技术的进步,因此,21世纪国家之间的竞争主要是科技实力的竞争。一个国家的科技实力取决于国民的科学素养,而科学教育是提高国民科学素养的根本保证。

从20世纪80年代起,一些美国人意识到,美国对青少年的科学教育存在许多问题,现行的教育方式和教材已不能适应21世纪科学技术发展的需要。为了使正在接受教育而将成为21世纪主人的美国儿童能受到更加理想的科学、数学和技术教育,具备更加良好的科技素养,能满足21世纪对一个普通公民的科技文化的基本要求,对美国科技教育进行改革势在必行。美国科学促进会组织了众多在科学、数学和技术等领域中的著名专家学者,以及从事科学普及教育的教育工作者,针对美国21世纪的公民应具有的科学素养标准,制订了一个切实可行的科学技术教育普及计划——“2061计划”,希望确保在2061年哈雷彗星再次临近地球时,美国的科技仍然能保持世界领先的地位。接着法国、日本、英国等发达国家都掀起了科学教育改革的热潮,力图通过科学教育改革,提高全民科学素养,抢占21世纪科技竞争的制高点。

为了迎接世界科技竞争的挑战,20世纪90年代,我国也出台了一系列教育改革的文件,并决定将小学“自然”课程改名为“科学”,2001完成《科学课程标准》的制订,紧接着在全国开始了大规模的科学教育改革实践。

物理学作为自然科学的基础学科,在科学教育中占有极为重要的地位。因此,同学们学习物理不仅仅是为了提高自身的科学文化素养,适应未来的高科技生活,更重要的是为了适应未来从事科学教育工作的需要。

四、物理学的研究与学习方法

物理学是一门非常重要的基础科学。物理学的研究方法主要有：

1. 抓主要矛盾，建立理想模型的方法

这种研究方法也叫抽象方法。它是根据问题的内容和性质，抓住主要因素，撇开次要的、局部的和偶然的因素，建立一个与实际情况差距不大的理想模型进行研究。例如，“质点”和“刚体”都是物体的理想模型。把物体看作“质点”时，“质量”和“点”是主要因素，物体的“形状”和“大小”是可以忽略不计的次要因素；把物体看作“刚体”时，物体的“形状”“大小”和“质量分布”是主要因素，物体的“形变”是可以忽略不计的次要因素。在物理学的研究中，这种理想模型是十分重要的。研究物体机械运动规律时，就是从质点运动的规律入手，再研究刚体运动的规律并逐步深入。

2. 科学实验的方法

科学实验和观察是科学研究的基本方法。科学实验是在人工控制的条件下，使现象反复重演，进行观察研究的方法。大多数科学规律都是通过实验观察总结发现的。实验是科学研究中非常重要的方法。

3. 根据假说的逻辑推理方法

为了寻找事物的规律，对于现象的本质所提出的一些说明方案或基本论点等统称为假说。假说是在一定的观察、实验的基础上提出来的。进一步的实验论据便会证明这些假说，即取消一些或改进一些。在一定范围内经过不断的考验，经证明为正确的假说最后上升为原理或定律。例如，在一定的实验基础上，提出的物质结构的分子原子假说以及所推论出来的结构，因为能够解释物质的气、液、固各态的许多现象，最后就发展成为物质分子运动理论。又如，量子假说的建立和量子理论的演变，最后发展为量子力学理论。在科学认识的发展过程中，假说是很重要的，甚至是必不可少的一个阶段。

我们已经认识到学好物理的重要性，那么怎样才能学好物理呢？根据物理学的特点我们在学习中应该注意以下几点。

(1) 要重视观察和实验

人类的物理知识最初来源于对自然现象的直接观察，后来人们才逐步掌握了通过实验研究去获取物理知识的方法。所谓实验是人们根据研究的目的，利用科学仪器和设备，人为地控制或模拟自然现象，在有利的条件下观察自然现象，研究自然规律的手段。

同学们要像科学家一样认真观察物理现象，分析现象产生的条件和原因，寻找物理规律。要通过观察和实验有意识地提高自己的观察能力和实验研究能力。要认真做好学生实验，学会使用仪器，记录实验数据和处理实验数据，了解用实验研究问题的基本程序和方法。

(2) 要重视对知识的理解

物理知识的获得，是在分析物理现象的基础上经过抽象、概括得出来的，或者是经过逻辑推理、数学推演得出来的。学习物理知识也应该了解物理知识获得的过程和方法，也应该像科学家探究物理问题一样有一个科学思维的过程。对所学知识应该有确切的理解，要弄清楚其中的道理。切忌将物理知识当作一些干巴巴的条文和公式去死记硬背。

(3) 要重视知识的运用

要善于将学到的物理知识运用到实际中去，生活中很多的现象都可以用学到的物理知识去解释。要养成用物理知识解释现实生活中的实际问题的好习惯，学会用物理学的眼光去观察、解释生活中的现象；现实生活中还包含大量的新物理知识，要善于从现实生活中主动地汲取（比如通过网络、查图书资料、向别人请教等方式）；要养成动手做的好习惯，学会利用生活中的废旧用品进行科技小制作，学会自己设计简单的实验来验证所学的知识，这不仅可以巩固所学的知识，更重要的是可以培养自己的实验研究能力，对未来从事小学教育，指导学生进行科学探究也是非常必要的。

(4) 要重视用数学方法描述物理规律能力的训练

物理规律往往是用数学形式来表述的，要在初中物理的基础上进一步学习用图像法、解析法、表格法等数学方法去描述物理规律，要理解物理公式的物理意义。要提高自己用数学工具去分析解决物理问题的能力。

(5) 要重视解题能力的提高

做习题是学习、运用物理知识的一个重要环节。要认真地完成教师布置的每一道习题，每做一题都要求真正弄懂，不能一知半解，更不能满足于凑出答案。要主动地做一些课外习题，还要学会从现实生活中提炼物理问题，自编物理习题并求解。

(6) 要重视与同学的交流

现代物理学研究的一个重要特点就是合作交流，可以说现代每一个重大的物理学成果都是集体智慧的结晶。我们在学习物理的过程中也要培养这种合作意识，要善于、乐于与同学交流、讨论，特别是在进行分组实验时更应该相互配合，这样做不仅对学好物理有很大的帮助，同时可以培养我们的组织、交流能力，对我们未来从事小学科学教育，组织学生进行科学探究活动也是非常有益的。

至于更具体的、更细化的学习方法要靠自己去摸索、去总结。没有一种具体的学习方法适用于所有的人，适合自己最好的方法是通过摸索得出来的。

第一章　物体的运动　直线运动

本章导读

自然界中万事万物都在运动着。这章将介绍机械运动的几个基本概念；学会用平均速度和瞬时速度去描述做直线运动的物体的运动快慢；掌握加速度的概念，能用解析法和图像法描述匀变速直线运动的规律，并能够运用这些规律去解决一些实际问题。

自然界的一切物质都在不断地运动着。天体的运行，江河的奔流，光波的传播，乃至生物体的新陈代谢，等等。我们把一个物体相对于另一个物体的位置随时间变化的过程，称为机械运动。物质与运动存在着不可分割的关系，运动是物质的一种固有属性，世界上没有绝对不动的物体，桌子、树木、房屋等，实际上都在随地球一起运动，构成物质的分子、原子也都时时刻刻在做着无规则的运动。历史上许许多多的科学家和哲学家试图寻找绝对不动的物体，他们的努力都归于失败，最终人们认识到，这就是运动的绝对性。

诗人用“矫健如飞”来描述运动员轻盈的身姿；画家用几个线条表示“风”，来描绘他们驰骋赛场。科学家又是怎样描述运动的呢？

中国运载火箭发射

第一节　运动的描述

一、参考系

一列火车驶过站台，站台上的人认为自己是静止的，火车上的乘客在运动。而火车上的乘客则认为自己是静止的，还感觉到站台上的人在后退。那么他们谁是对的呢？答案是他们都没有错，站在站台上的人是以站台为参考进行判断的，而火车上的乘客则是以火车为参考进行判断的。

这说明，运动的描述具有相对性。因此，我们在描述一个物体的运动时总要假定另外一个物体是不动的，以它作为参考。这种用来作参考的物体就叫作参考系。

原则上，描述同一个物体的运动，参考系是可以任意选择的。选择不同的参考系，其结果也是不同的。例如，描述一架飞机的运动，可以选择地面为参考系，也可以选择在天空飞行的另外一架飞机为参考系。研究天体的运动时，可以选择地球为参考系，也可以选择太阳为参考系。但是，在不同的参考系中描述同一个物体的运动，简繁程度并不一样。因此，描述物体的运动，应弄清楚它是以什么物体为参考系的。在不指明参考系时，通常是以地球为参考系的。参考系选取得当，会使问题的研究变得简单、方便。

二、质点

研究物体的运动，首先要确定物体的位置。任何物体都有一定的大小和形状，物体各个不同部分在空间的位置并不相同，各部分的运动情况也不一定相同。例如，旋转的风扇叶片，在相同的时间内，外缘部分的扇面就比中间部分的扇面划过的弧长要长。看来，要详细描述物体的位置及运动情况并不是一件简单的事情。但是，在某些情况下却可以不考虑物体的大小和形状，从而使问题简化。例如，当我们讨论一辆汽车从长沙开往湘潭这类汽车行驶的问题时，由于汽车的长度比两地间的距离要小得多，我们完全可以不考虑汽车的长度；当我们研究一艘船在海洋中的位置、速度时，由于海洋的区域比船本身大得多，我们可不用考虑船的大小；当我们研究地球的公转时，由于地球的直径比地球和太阳之间的距离小得多，也可以完全不用考虑地球的大小。在这些情况下，我们可以把物体看作一个有质量的点，或者说，用一个有质量的点来代替整个物体。我们把这样的用来代替物体的有质量的点叫作质点。

一个物体能不能看作质点，要看具体情况而定。例如，研究火车在长沙和北京之间运行时，可以把火车看作质点，而如果研究这列火车在行驶的过程中通过某一标志牌的时间时，显然就要考虑火车的大小形状了，不能把火车看作质点了。研究地球公转时可以把地球视为质点，可是研究地球的自转时，我们却不能忽略地球的大小，当然也不能把地球看作质点了。一个物体能不能看作质点与它本身的大小并没有必然的联系。

运动的质点通过的路线，叫作质点运动的轨迹。质点运动轨迹是直线的运动叫作直线运动，质点运动轨迹是曲线的运动就叫作曲线运动。在这一章中我们主要研究直线运动。

三、时间和时刻

对物体运动的描述离不开时间。我们可以把时间想象为一根从过去指向未来的数轴，称之为时间轴。时间轴上的一个点就称为时刻。时间轴上两点之间的距离就称为时间间隔。

我们说上午 8 时开始上课，到 8 时 45 分下课，这里的“8 时”和“8 时 45 分”都是时刻，而这两个时刻之间相隔的“45 分钟”，则叫作时间间隔，时间间隔我们以后也往往简称为时间。例如说“在 10 s 的时间内”，指的就是时间间隔。

在国际单位制中时间的基本单位是秒，符号是 s，常用的时间单位还有分、时，它们的符号分别是 min、h。在实验室中常用秒表来测量时间。

四、位移和路程

从 A 地到 B 地，你可以选择不同的路线。路线不同，运动轨迹也是不一样的，走过的路程也不相同。但是，就位置的变动来说，无论哪条线路，你总是由初位置 A 地到达了末位置 B 地，即位置的变化是相同的。

物理学中用一个叫作位移的物理量来表示质点的位置变化。设质点由初位置 A 运动到末位置 B，从 A 指向 B 的有向线段 AB，就表示质点在这次运动中发生的位移，通常用字母 s 表示。位移不但有大小，而且有方向，有向线段的长度表示位移的大小，有向线段的方向表示位移的方向。当运动物体的初位置和末位置确定以后，位移就被确定了，从 A 到 B 的位移与从 B 到 A 的位移是不同的。

路程和位移不同。路程是质点运动轨迹的长度。在图 1－1 中，质点的位移是有向线段 AB，而路程是曲线 ACB、ADB 或 AEB 的长度。路程只有大小没有方向。

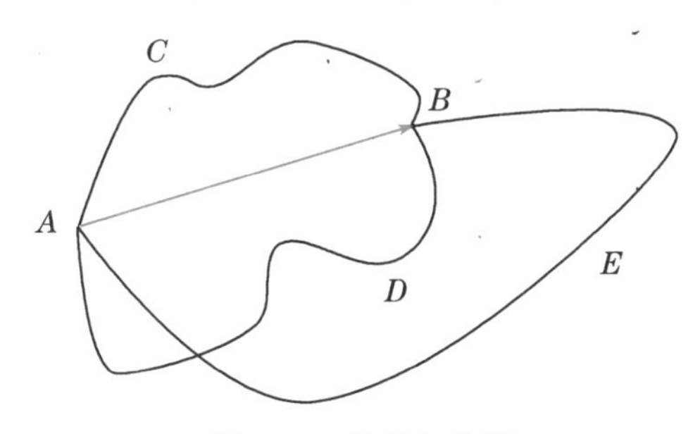

图 1－1　位移与路程

在物理学中，像位移这样，既有大小又有方向的物理量，叫作矢量，如我们以后要学到的力、速度、加速度等都是矢量；像路程这样，只有大小没有方向的物理量，叫作标量，如质量、时间、温度、能量等都是标量。

五、速度

我们初中都已经知道，在物理学中用速度来描述物体运动的快慢。做直线运动的物体，有的运动情况比较复杂，有的比较简单，我们先研究一种最简单的运动——匀速直线运动。

物体在一条直线上运动，如果在相等的时间里位移相等，这种运动就叫作匀速直线运动。

在匀速直线运动中，物体的位移 s 跟发生这一位移所用的时间 t 的比值，就叫作物体运动的速度，即

$$v=\frac{s}{t}$$

在国际单位制中，速度的单位是米每秒，符号是 m/s。常用的单位还有千米每时(km/h)、厘米每秒(cm/s)等。

我们日常看到的直线运动，往往不是匀速直线运动。汽车起动的时候，运动越来越快，在相等的时间里位移不相等。快到目的地的时候，运动越来越慢，最后停下来，在相等的时间里位移也不相等。

物体在一条直线上运动，如果在相等的时间里位移不相等，这种运动就叫作变速直线运动。

1. 平均速度

在变速直线运动中，比值$\frac{s}{t}$不是恒定的，由公式$\bar{v}=\frac{s}{t}$求出的速度是做变速直线运动的物体在时间 t(或位移 s)内的平均速度。平均速度通常用$\bar{v}$表示，$\bar{v}=\frac{s}{t}$。

在变速直线运动中，不同时间(或不同位移)内的平均速度一般是不同的，因此，必须指明求出的平均速度是对哪段时间(或哪段位移)来说的。通常说某物体运动的速度是多大，一般都指的是平均速度。

2. 瞬时速度

用平均速度表示做变速直线运动的物体在某一段时间内的平均快慢程度。要精确地描述变速直线运动，就要知道物体经过每一时刻(或每一位置)时运动的快慢程度。运动物体经过某一时刻(或某一位置)的速度，叫作瞬时速度。

在直线运动中，瞬时速度的方向与物体经过某一位置时的运动方向相同。它的大小叫作瞬时速率，简称速率。

乘汽车的时候，注意一下司机面前的速度计，就会看到，指针所指的数值随着行驶的快慢而改变。图 1-2 表示汽车的速度计，指针所指的数值，就是某时刻汽车的瞬时速率。为了保证交通安全，在公路上要设置限速标志，图 1-3 这个限速标志所限制的是瞬时速率。

图 1-2　汽车的速度计

图 1-3　公路的限速标志

第二节　匀变速直线运动

一、匀变速直线运动

变速直线运动的瞬时速度随着时间而改变。汽车加速和减速时，速度计的指针不断发生变化，记下相等时间间隔的速度值如下：

时刻 t/s		0	5	10	15
速度 v/(km·h^{-1})	加速	20	40	60	80
	减速	80	60	40	20

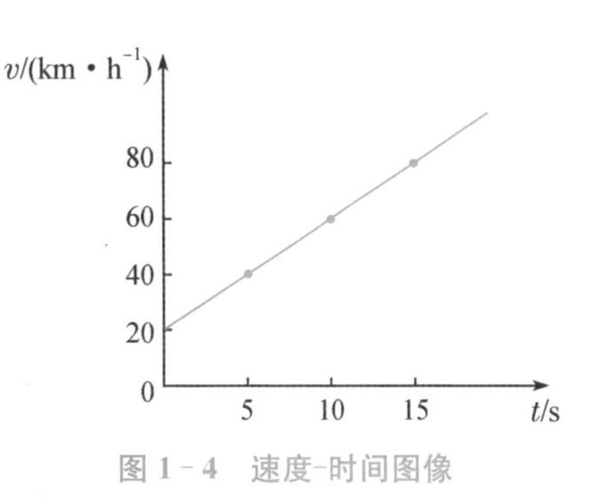

图 1-4　速度-时间图像

从数据可以看出，在误差允许的范围内。汽车每隔 5 s，速度增加 20 km/h，即在相等的时间内，速度的改变是相等的。汽车的速度图像是一条直线(图 1-4)。

在变速直线运动中，如果在相等的时间内速度的改变相等，这种运动就叫作匀变速直线运动。

上述汽车的运动在误差范围内可以看作匀变速直线运动。加速时，它的速度随着时间而均匀增加，通常又叫作匀加速直线运动。减速时，它的速度随时间而均匀减小，叫作匀减速直线运动。

常见的变速直线运动，速度不一定是均匀改变的。可是，有些变速运动很接近于匀变速运动，可以当作匀变速运动来处理。例如，发射炮弹时炮弹在炮筒里的运动，火车、汽车等交通工具在开动后或停止前的一段时间内的运动，石块从不太高的地方下落的运动，石块被竖直向上抛出后向上的运动等，都可以看作匀变速直线运动。

图 1-5　飞机起飞和炮弹发射

二、加速度

不同的变速运动，速度改变的快慢是不同的。飞机起飞时速度增加得比较慢而炮弹发射时在炮筒里速度增加得非常快(图 1-5)。火车进站时速度减小得很慢，而汽车急刹车时速度减小得就比较快，怎样描述速度改变的快慢呢？

如果飞机在地面从静止到起飞用 30 s，速度从 0 增加到 84 m/s；迫击炮发射炮弹，炮弹速度在 0.05 s 内从 0 增加到 50 m/s。怎样比较它们速度改变的快慢呢？我们可以通过比较它们在单位时间内速度的改变来判断。飞机每秒速度的增加量为 $\frac{84-0}{30}$ m/s $=2.8$ m/s。而炮弹每秒速度的增加量为 $\frac{50-0}{0.05}$ m/s$=1\ 000$ m/s。可见，炮弹的速度改变要比飞机的速度改变快得多。因此，为了描述速度改变的快慢，我们引入加速度的概念。

加速度是表示物体速度改变快慢的物理量，它等于速度的改变与发生这一改变所用时间的比值。用 v_0 表示物体开始时刻的速度(初速度)，用 v_t 表示经过一段时间 t 末了时刻的速度(末速度)，速度的改变为 v_t-v_0，用 a 表示加速度，那么

$$a=\frac{v_t-v_0}{t}$$

在国际单位制中，加速度的单位是米每二次方秒，符号是 m/s^2(或 $m\cdot s^{-2}$)。

加速度不但有大小，而且有方向，也是矢量。加速度的大小在数值上等于单位时间内速度的改变。在变速直线运动中，速度的方向始终在一条直线上。取初速度 v_0 的方向为正方向，如果速度增大，$v_t-v_0>0$，加速度是正值，这时加速度的方向跟初速度的方向相同；如果速度减小，$v_t-v_0<0$，加速度是负值，这时加速度的方向跟初速度的方向相反。

在匀变速直线运动中，速度是均匀变化的，比值 $\frac{v_t-v_0}{t}$ 是恒定的，加速度的大小不变，方向也不变，因此，匀变速直线运动是加速度不变的运动。

表 1-1　物体运动的加速度 a　　单位：$m\cdot s^{-2}$

炮弹在发射时	5×10^5	赛车加速	4.5
跳伞者着陆	-24.5	汽车加速	可达 2
喷气式飞机着陆	$-5\sim-8$	无轨电车加速	可达 1.8
汽车急刹车	$-4\sim-6$	旅客列车加速	可达 0.35

三、匀变速直线运动的规律

1. 速度和时间的关系

在匀变速直线运动中，速度是均匀变化的，加速度 $a=\frac{v_t-v_0}{t}$ 是恒定的，它适合于任意一段时间，因此，可以将加速度公式变形为：

$$v_t=v_0+at$$

这就是匀变速直线运动的速度公式，它表示了匀变速直线运动的速度和时间的关系。

例题 1　汽车以 40 km/h 的速度匀速行驶，现以 0.6 m/s² 的加速度加速，10 s 后速度能达到多少？

解　以初速度 v_0=40 km/h=11 m/s 的方向为正方向。

则 10 s 后的速度：

$$v_t=v_0+at=(11+0.6\times10)\text{ m/s}=17\text{ m/s}=62\text{ km/h}$$

即 10 s 后速度能达到 62 km/h。

2. 位移和时间的关系

根据匀变速直线运动的特点及其速度公式，由数学推导可得：

位移 $$s=v_0t+\frac{1}{2}at^2$$

这就是匀变速直线运动的位移公式。它反映了匀变速直线运动的位移随时间变化的关系。

例题 2　火车在通过桥梁时，提前减速。一列以 72 km/h 的速度匀速行驶的火车在驶近一座铁桥前做匀减速运动，减速行驶了 2 min，加速度大小是 0.1 m/s²，火车减速后行驶了多远？

解　取速度的方向为正方向，则加速度为负值，即 $a=-0.1\text{ m/s}^2$。

据题意可知 $v_0=20\text{ m/s}$，$a=-0.1\text{ m/s}^2$，$t=120\text{ s}$。

由公式 $s=v_0t+\frac{1}{2}at^2$ 可得：

$$s=20\text{ m/s}\times120\text{ s}+1/2\times(-0.1\text{ m/s}^2)\times(120\text{ s})^2$$
$$=1\,680\text{ m}$$

即火车减速后行驶了 1 680 m。

四、自由落体运动　自由落体加速度

1. 自由落体运动

物体的下落是一种常见的运动。那么不同物体下落的快慢是否相同呢？

古希腊哲学家亚里士多德认为物体下落的快慢是由它们的重量决定的，物体越重，下落越快。他的这一论断符合人们的常识，以至于这一论断流传了两千多年的时间。

直到 16 世纪末，意大利物理学家伽利略认为：如果按照亚里士多德的论断，物体下落的快慢是由它们的重量决定的，当我们把一重一轻两块石头拴在一起时，下落快的会被下落慢的拖着而减慢,下落慢的会被下落快的拖着而加快,结果整个系统的下落速度应该比大石头的速度要小;但是两块石头挂在一起,加起来比大石头还要重,根据亚里士多德的论断,那么整个系统的下落速度又应该比大石头的下落速度要大。这样,就会自相矛盾。伽利略由此推断重物体不会比轻物体下落得快。

其实,在同一高度同时释放面积相等的一片金属片和一张纸片,可以看到金属片比纸片下落得快,是因为空气阻力的影响。纸片比金属片轻,空气阻力对它的影响比较大,所以才下落得慢。把纸片揉成一个小纸团,再让它和金属片同时下落,由于纸团受到的空气阻力要比纸片受到的空气阻力小得多,纸团和金属片几乎是同时落地的。

演示实验

牛顿管实验

拿一个长约 1.5 m,一端封闭,另一端有开关的玻璃筒(图 1-6),里面放些金属片、塑料球和羽毛等质量不同的小物体。如果玻璃筒里有空气,把玻璃筒倒立过来以后,这些物体下落的快慢明显不同。把玻璃筒里的空气抽出去一些,把玻璃筒倒立过来,这时候它们下落的快慢就比较接近。当把筒中的空气全部抽出时,它们下落的快慢就相同了。

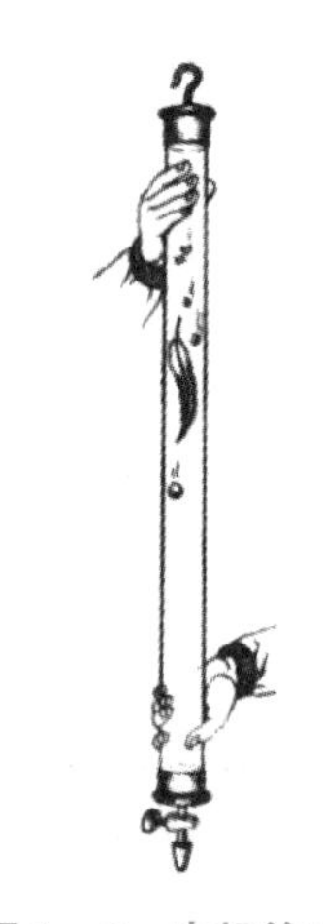

图 1-6　牛顿管实验

在没有空气阻力的情况下,我们把物体只在重力作用下从静止开始下落的运动,叫作**自由落体运动**。如果空气阻力的作用比较小,可以忽略不计,物体的下落也可以看作自由落体运动。上面的实验告诉我们,做自由落体运动的物体,下落的快慢与轻重无关。

接下来,我们来研究自由落体的运动规律。图 1-7 是做自由落体运动的小球的频闪照片,照片上相邻的像是相隔同样的时间拍摄的。从照片上可以看出,自由落体运动的方向都是竖直向下的,且在相等的时间间隔里,小球下落的位移越来越大,表明小球的速度越来越大。精确的测量可以证明:自由落体运动是初速度为零的匀加速直线运动。

图 1-7　自由落体小球的频闪照片

2. 自由落体加速度

在同一地点,从同一高度同时自由下落的不同物体,会同时到达地面。由于自由落体的初速度为零,根据 $s=\frac{1}{2}at^2$ 可知,它们的加速度必定相同。在同一地点，一切物体在自由落体运动中的加速度都相同。这个加速度叫作自由落体加速度，也叫作重力加速度，通常用 g 来表示。重力加速度 g 的方向总是竖直向下的。

精确的实验表明，在地球上不同的地方，g 的大小一般是不同的。在粗略的计算中 g 可以取 $10\ m/s^2$。

由于自由落体运动是初速度为零的匀加速直线运动，所以匀变速运动的基本公式以及它们的推论都适用于自由落体运动，只要把这些公式中的 v_0 取作零，加速度 a 取为 g，就可得到自由落体物体的运动规律：

$$v_t = gt$$

$$h = \frac{1}{2}gt^2$$

做一做

测定反应时间

人从发现情况到采取相应行动经过的时间叫反应时间。

请一位同学用两个手指捏住木尺顶端（图1-8），另一位同学用一只手在木尺下部做握住木尺的准备，但手的任何部位都不要碰到木尺。当握尺的同学放开手时，这位同学立即握住木尺。测出木尺降落的高度，就可以算出他的反应时间。做一做，测一测，看看谁的反应快。

图1-8　测反应时间

第三节　匀变速直线运动规律的应用

在现实生活中有很多物体的运动虽然不是严格的匀变速直线运动，但它们的运动规律比较接近匀变速直线运动，因此，我们可以用匀变速直线运动的规律去近似处理很多实际问题。

例题1　某汽车以 $12\ m/s$ 的速度在路面上匀速行驶，前方出现紧急情况需刹车，加速度大小是 $3\ m/s^2$，求汽车 $5\ s$ 末的速度。

分析　根据题目所给的条件，汽车做减速运动，当车速减为零时，根据 $v_t = v_0 + at$，得 $t = 4\ s$，因此，汽车实际行驶时间只有 $4\ s$，$5\ s$ 末汽车已经静止下来。因此，刹车和减速问题要注意代入的数值要与实际相符合。

解 已知 $v_0=12\text{m/s},a=-3\ \text{m/s}^2,t=5\ \text{s}$。

以初速方向为正方向,当车速减为零时,$v_t=v_0+at=0$,

$$12-3t=0$$

解得 $t=4\ \text{s}$。

即 4 s 末汽车已刹车完毕,所以 5 s 末时,汽车处于静止状态,即 $v_t=0$。

例题 2 射击时,子弹由静止出发,在枪筒中做加速运动。若把子弹在枪筒中的运动看作匀加速直线运动,设子弹的加速度是 $5\times10^5\ \text{m/s}^2$,枪筒长 0.64 m,求子弹射出枪口时的速度。

分析 根据题目所给的条件,已知 s、a 和 v_0,单独用前面所得出的速度公式和位移公式都不能求得答案。我们可以将 $v_t=v_0+at,s=v_0t+\frac{1}{2}at^2$ 两式联立求解,消去 t,得到位移和速度的关系:

$$v_t^2-v_0^2=2as$$

代入已知数据就可以求解了。

解 已知 $v_0=0,s=0.64\ \text{m},a=5\times10^5\ \text{m/s}^2$,将数据代入公式 $v_t^2-v_0^2=2as$ 得:

$$\begin{aligned}v&=\sqrt{2as+v_0^2}\\&=\sqrt{2\times5\times10^5\times0.64+0}\,(\text{m/s})\\&=800(\text{m/s})\end{aligned}$$

即子弹的速度变为 800 m/s。

公式 $v_t^2-v_0^2=2as$ 是匀变速直线运动规律的一个重要的推论。在有些问题中,没有给出或者不涉及时间 t,应用它来求解比较方便。

实验一　游标卡尺的使用

【实验目的】

(1) 了解游标卡尺的构造及原理。

(2) 学会使用游标卡尺及掌握读数方法。

【实验原理】

游标卡尺是一种比较精密的测量长度的量具。常用的游标卡尺共有三种,读数分别精确到 0.1 毫米,0.05 毫米,0.02 毫米。常用它测物体的厚度或外径、孔的内径或槽宽、凹槽的深度。

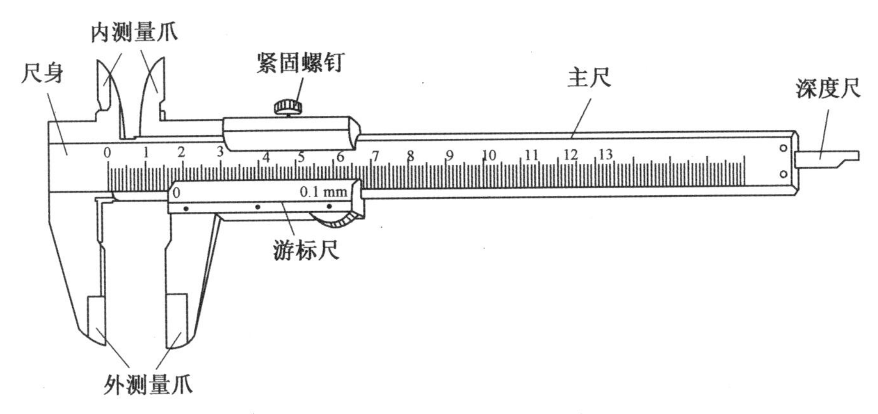

图 1－9　游标卡尺构造

图 1－9 所示是常用的游标卡尺，它由尺身、主尺、游标尺、内测量爪、外测量爪、深度尺、紧固螺丝组成。其主尺上刻度与一般毫米刻度尺相同，主尺上标注的数字为厘米数，最小刻度为 1 毫米。游标尺可沿主尺滑动，游标上有均匀的刻度。外测量爪用于测量物体的长度或外径，内测量爪用于测量孔的内径，深度尺用于测量凹槽的深度，紧固螺钉是固定游标尺的。其测量原理是将一微小量加以放大，然后进行读数。

精确到 0.1 毫米的游标卡尺，其游标尺上的 10 个等分刻度的总长与主尺上的 9 个毫米相对，每个等分为 0.9 毫米，与主尺上最小刻度 1 毫米相差 0.1 毫米。当游标卡尺两测脚并拢时，游标尺上的"0"刻度线正好与主尺上的"0"刻度线对齐，"10"刻度线与主尺上 9 毫米刻度线对齐，而其余刻度线与主尺刻度线皆不重合，相差依次为 0.1 毫米、0.2 毫米、0.3 毫米等，如图 1－10 所示。

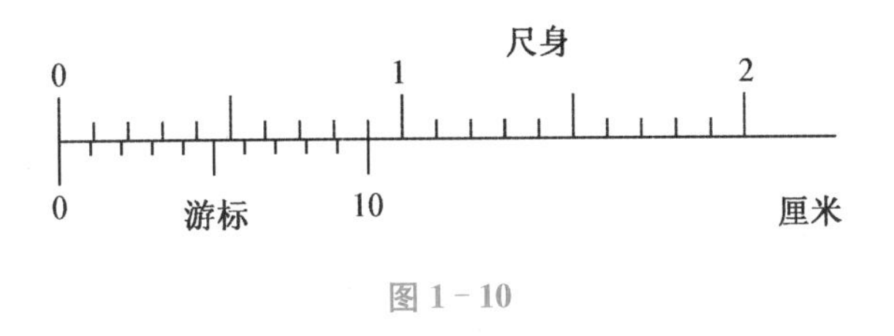

图 1－10

测量时，将被测物体夹在主尺和游标尺的两测量爪中间，物体长度恰好等于游标尺在主尺上向右移动的距离，即是游标尺的"0"刻度线与主尺"0"刻度线之间的距离。如果被测物体厚度为 0.1 毫米，则游标尺向右移动了 0.1 毫米，这时游标尺"0"刻度线与主尺"0"刻度线已不对齐，而是第一条刻度线与主尺的 1 毫米刻度线对齐，其余刻度线与主尺的刻度线皆不重合，读数为 0.1 毫米。同理如果被测物体厚度为 0.2 毫米，如图 1－11 所示，游标尺上第 2 条刻度线与主尺上第 2 条刻度线对齐，其余刻度线不对齐，读数为 0.2 毫米，所以被测物体的厚度不超过 1 毫米时，游标尺上的第几条刻度线与主尺的某一刻度线对齐，就表示被测物体厚度为零点几毫米。

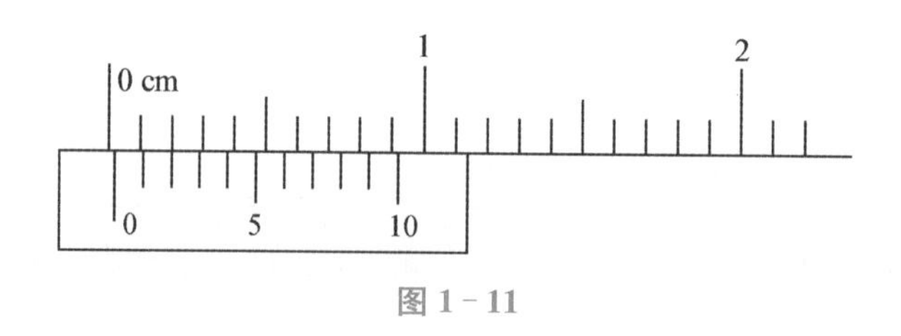

图 1－11

在测量大于 1 毫米的长度时，整的毫米数直接从主尺上读出，而小于 1 毫米的读数则从游标尺上读出。如图 1－12 所示，先从主尺上读出被测物体长度的毫米数为 25 毫米，再从游标尺上读出十分之几毫米的数值为 0.7 毫米，则被测物体实测长度为 25.7 毫米。

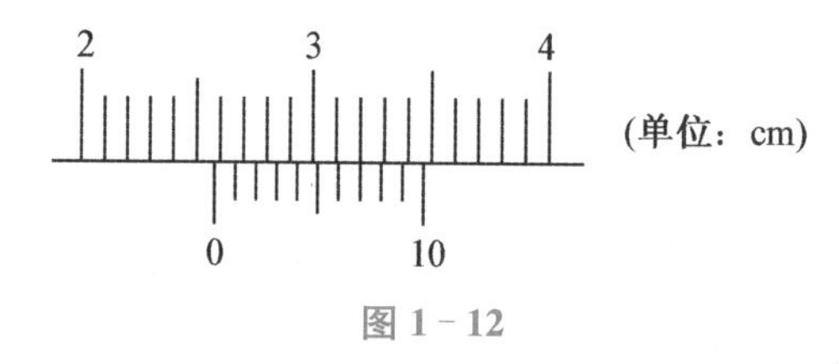

图 1－12

【实验器材】

游标卡尺、金属长方体块、金属圆管、金属小球。

【实验步骤】

(1) 观察游标卡尺各部分，特别是游标尺上的刻度，松开游标固定螺丝，手持卡尺、移动游标，检查零点，了解读数方法。

(2) 测金属长方体块的长、宽和高，把不同部位测得的数据填入表格(各测三次)，求出长、宽、高的平均值。

(3) 测金属圆管的外径和内径，把测得的数据填入表格内(各测三次)，求出外径和内径的平均值。

(4) 测金属小球的直径，在不同部位测三次，将数据填入表格内，求出直径的平均值。

实验二　研究匀变速直线运动

【实验目的】

(1) 练习正确使用打点计时器，学会利用打上点的纸带研究物体的运动。

(2) 掌握判断物体是否做匀变速直线运动的方法($\Delta x=aT^2$)。

(3) 测定匀变速直线运动的加速度。

【实验原理】

1. 打点计时器

(1) 作用：计时仪器，每隔 0.02 s 打一次点。

(2)工作条件：电磁打点计时器：4～6 V 交流电源；电火花计时器：220 V 交流电源。

(3) 纸带上点的意义：

① 表示和纸带相连的物体在不同时刻的位置。

② 通过研究纸带上各点之间的距离，可以判断物体的运动情况。

③ 可以利用纸带上打出的点来确定计数点间的时间间隔。

2. 利用纸带判断物体运动状态的方法

(1) 沿直线运动的物体在连续相等时间内，不同时刻的速度分别为 $v_1, v_2, v_3, v_4, \cdots$ 若 $v_2-v_1=v_3-v_2=v_4-v_3=\cdots$，则说明物体在相等时间内速度的增量相等，由此说明物体在做匀变速直线运动，即 $a=\dfrac{\Delta v}{\Delta t}=\dfrac{\Delta v_1}{\Delta t}=\dfrac{\Delta v_2}{\Delta t}=\cdots$

(2) 沿直线运动的物体在连续相等时间内的位移分别为 $x_1, x_2, x_3, x_4, \cdots$ 若 $\Delta x=x_2-x_1=x_3-x_2=x_4-x_3=\cdots$ 则说明物体在做匀变速直线运动，且 $\Delta x=aT^2$。

3. 速度、加速度的求解方法

(1) “逐差法”求加速度：如图 1－13 所示的纸带，相邻两点的时间间隔为 T，且满足 $x_6-x_5=x_5-x_4=x_4-x_3=x_3-x_2=x_2-x_1$，即 $a_1=\dfrac{x_4-x_1}{3T^2}$，$a_2=\dfrac{x_5-x_2}{3T^2}$，$a_3=\dfrac{x_6-x_3}{3T^2}$，然后取平均值，即 $\bar{a}=\dfrac{a_1+a_2+a_3}{3}$，这样可使所给数据全部得到利用，以提高准确性。

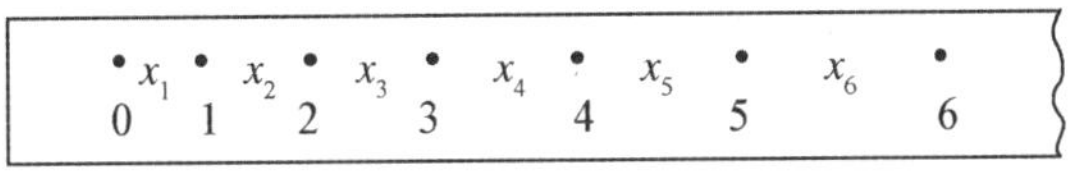

图 1－13

(2) “平均速度法”求速度：得到如图 1－14 所示的纸带，相邻两点的时间间隔为 T，n 点的瞬时速度为 v_n，即 $v_n=\dfrac{(x_n+x_{n+1})}{2T}$。

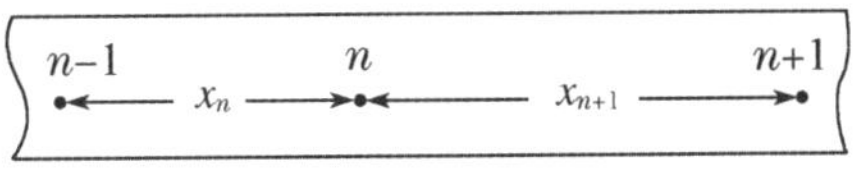

图 1－14

(3) “图像法”求加速度，即由“平均速度法”求出多个点的速度，画出 $v-t$ 图像，直线的斜率即加速度。

【实验器材】

电火花计时器(或电磁打点计时器)、一端附有定滑轮的长木板、小车、纸带、细绳、钩码、刻度尺、导线、电源、复写纸片。

【实验步骤】

1. 仪器安装

(1) 实验装置见图 1－15 所示,把附有滑轮的长木板放在实验桌上,并使滑轮伸出桌面,把打点计时器固定在长木板上没有滑轮的一端,连接好电路。

(2) 把一条细绳拴在小车上,细绳跨过定滑轮,下边挂上钩码,把纸带穿过打点计时器,并把它的一端固定在小车的后面。放手后,看小车能否在木板上平稳地加速滑行。

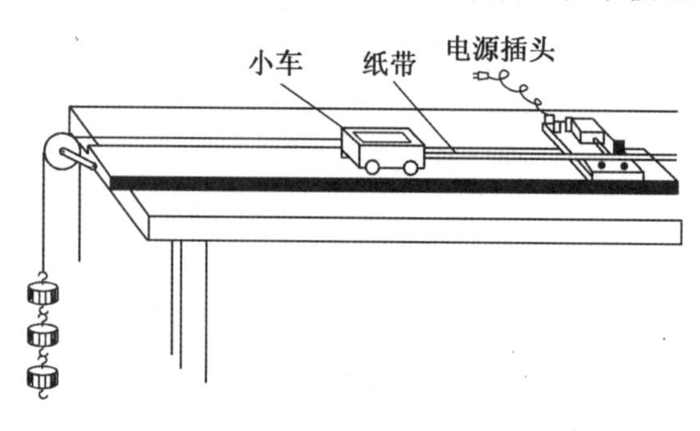

图 1－15

2. 测量与记录

(1) 把小车停在靠近打点计时器处,先接通电源,后放开小车,让小车拖着纸带运动,打点计时器就在纸带上打下一系列的点,换上新纸带,重复三次。

(2) 从三条纸带中选择一条比较理想的,舍掉开头一些比较密集的点,从后边便于测量的点开始确定计数点,为了计算方便和减小误差,通常用连续打点五次的时间作为时间单位,即 $T=0.1$ s。正确使用毫米刻度尺测量每相邻两计数点间的距离,并填入设计的表格中。

(3) 利用某一段时间的平均速度等于这段时间中间时刻的瞬时速度求得各计数点的瞬时速度。

(4) 增减所挂钩码数,再重复实验两次。

由实验得出的 $v-t$ 图像(图 1－16),进一步得出小车运动的速度随时间变化的规律,有两条途径进行分析:

① 分析图像的特点得出:小车运动的 $v-t$ 图像是一条倾斜的直线,如图 1－16 所示,当时间增加相同的值 Δt 时,速度也会增加相同的值 Δv,由此得出结论——小车的速度随时间均匀变化。

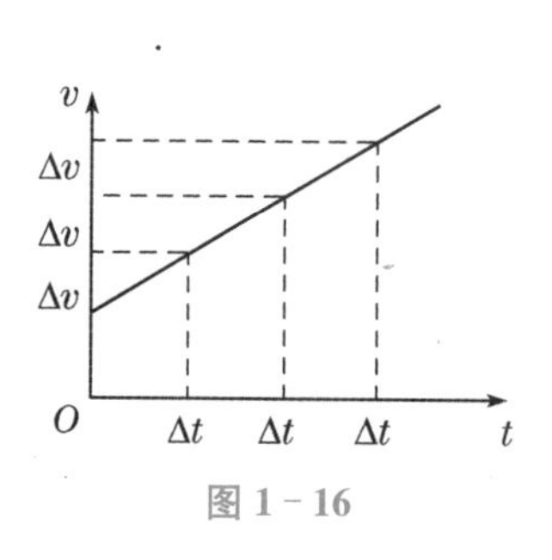

图 1－16

② 通过函数关系进一步得出:既然小车的 $v-t$ 图像是

一条倾斜的直线，那么 v 随 t 变化的函数关系式为 $v=kt+b$，显然 v 与 t 呈线性关系，小车的速度随时间均匀变化。

本章小结

本章主要研究匀变速直线运动。包括运动的描述，匀变速直线运动的规律及应用。

描述物体的运动有参考系、质点、位移、速度、加速度等物理量。

加速度：运动学中的重要概念，是反映物体速度变化快慢的物理量。

用公式表达就是：

$$a=\frac{v_t-v_0}{t}$$

还可从描述物体运动的这些基本概念入手，得出匀变速直线运动的速度和时间关系及位移与时间的关系：

$$v_t=v_0+at$$

$$s=v_0t+\frac{1}{2}at^2$$

$$v_t^2-v_0^2=2as$$

自由落体运动：物体只在重力作用下从静止开始下落的运动，是一种特殊情况下的匀变速直线运动，即 $v_t=0$，$a=g$，代入匀变速直线运动的规律可得：

$$v_t=gt$$

$$h=\frac{1}{2}gt^2$$

生活中很多物体的运动都近似匀变速直线运动，我们要学会用匀变速直线运动的规律去解决生活中的许多实际问题。

习　题

习题 1－1

1. 敦煌曲词中有这样的诗句：“满眼风波多闪烁，看山恰似走来迎，仔细看山山不动，是船行。”其中“看山恰似走来迎”和“是船行”所选的参考系分别是什么？

2. 我们在研究汽车通过一个标志牌所用时间时能不能把汽车当作质点？研究人在汽车上的位置时，能不能把汽车当作质点？研究汽车在上坡时有无翻倒的危险时，能不能把汽车当作质点？计算汽车从南京开往上海的时间时，能不能把汽车当作质点？

3. 北京时间 2006 年 5 月 13 日凌晨，美国短跑名将贾斯廷-加特林在多哈举行的卡塔尔田径大奖赛上，以 9 秒 76 的成绩打破了男子 100 米短跑世界纪录。这个数据是时刻还是时间间隔？

4. 如图 1－17 甲，一根细长的弹簧系着一个小球，放在光滑的桌面上。手握小球把弹簧拉长，放手后小球便左右来回运动，B 为小球向右到达的最远位置。小球向右经过中间位置 O 时开始计时，其经过各点的时刻如图 1－17 乙所示。若测得 $OA=OC=7$ cm，$AB=3$ cm，则自 0 时刻开始：

(1) 0.2 s 内小球发生的位移大小是________，方向向________，经过的路程是________。

(2) 0.6 s 内小球发生的位移大小是__________，方向向__________，经过的路程是__________。

(3) 0.8 s 内小球发生的位移是________，经过的路程是________。

(4) 1.0 s 内小球发生的位移大小是________，方向向________，经过的路程是________。

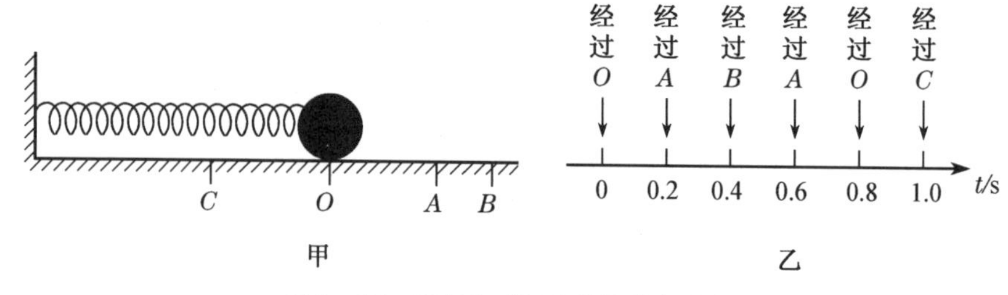

图 1－17　确定小球运动的位移和路程

5. 百米运动员冲过终点线的速度是平均速度还是瞬时速度？目前百米赛跑的世界纪录是 9 秒 76，平均速度约为 10 m/s，这是平均速度还是瞬时速度？

习题 1－2

1. 汽车在紧急刹车时，加速度的大小是 6 m/s^2，如果必须在 2 s 内停下来，汽车行驶的最大允许速度是多少？

2. 速度为 30 m/s 的汽车，遇到紧急情况，司机急刹车，汽车经 5 s 停止，求汽车的加速度。

3. 一辆自行车，原来的速度是 10 m/s。在一段下坡路上以 0.5 m/s^2 的加速度做匀加速直线运动，求加速行驶了 10 s 时的速度。

4. 一个做初速度为零的匀加速直线运动的物体，在第 1 s 末，第 2 s 末，第 3 s 末的速度大小之比是多少？位移大小之比是多少？

5. 汽车以 12 m/s 的速度匀速直线行驶，遇到紧急情况急刹车，加速度的大小是 6 m/s^2，汽车还要滑行多远才能停下来？

6. 机车原来的速度是 36 km/h，在一段下坡路上加速度为 0.2 m/s^2，机车行驶到下坡末端，速度增加到 54 km/h。求机车通过这段下坡路所用的时间。

习题 1－3

1. 在一个限速为 40 km/h 的地段，发生了一起交通事故，交警测量了事故现场留下的刹车痕迹长度为 8 m，设汽车紧急刹车时的加速度大小为 6 m/s^2，问汽车是否超速行驶？

2. 飞机着陆后匀减速滑行，它滑行的初速度是 60 m/s，加速度的大小是 3 m/s^2，飞机着陆后要滑行多远才能停下来？

3. 以 54 km/h 的速度行驶的汽车，刹车后做匀减速直线运动，经过 2.5 s 停下来，汽车刹车后到停下来前进了多远？

4. 一个物体从 22.5 m 高的地方自由下落，到达地面的速度是多大？下落最后 1 s 内的位移是多大？

第二章　力

本章导读

上一章我们研究了怎样描述物体的运动，了解了直线运动的规律，但是物体的运动跟什么有关系，物体为什么会这样运动？人们从生活经验知道，物体的运动跟它受到的力有关系。因此，这一章我们先来学习力的一些有关知识。

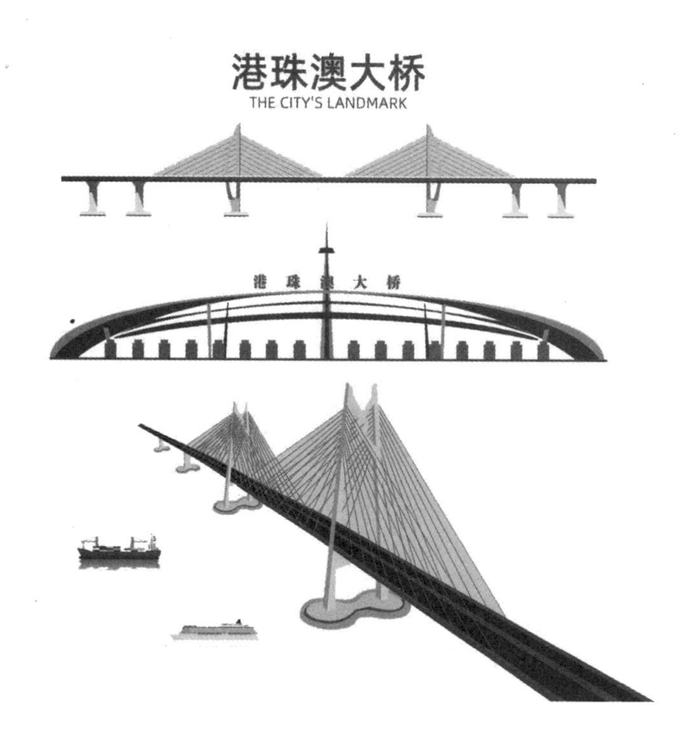

第一节　力

一、力是物体间的相互作用

人们对于力的认识，最初是与用手推、拉、举、压物体(图 2 - 1)时，肌肉紧张和疲劳的主观感觉相联系的。通过长期的实践，人们认识到物体运动状态或形态的改变，都是由于物体间相互作用的结果。人在用力推车时，可以感受到车也向相反方向推人；用手举杠铃，手对杠铃施加了力，同时杠铃对手有向下的压力。这说明，一个物体在受到力的作用时，一定有另外的物体施加这种作用。因此，力是物体之间的相互作用。前者是受力物体，后者是施力物体。与此同时，物体在受力时必然也会对施力物体施加力，因此，受力物体与施力物体是相对的。为了方便，我们研究某个物体的受力情况时，往往只考虑物体受到了哪些力，而不必指明施力物体，也不必考虑该物体对其他物体施加的力。

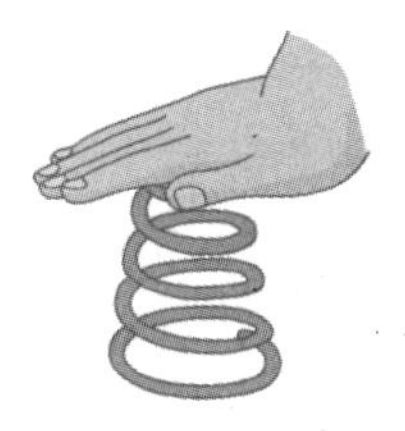

图 2 - 1　力的认识

力是有大小的，力的大小可以用测力计(弹簧秤)来测量。在国际单位制中，力的单位是牛顿，简称牛，符号是 N。

力不但有大小，而且有方向。用力拉弹簧，弹簧就伸长；用反方向的力压弹簧，弹簧就缩短。可见，力的方向不同，它的作用效果也不同。因此，力是矢量。

力不单有大小、方向，还有作用点，这是力的三要素。力的作用点是力对物体产生作用效果的位置。有的在物体上，有的不在物体上。力的三要素决定了力的作用效果。

二、力的图示

力可以用一根带箭头的线段来表示。线段是按一定比例(标度)画出的，它的长短表示力的大小，它的指向表示力的方向，箭头或箭尾表示力的作用点，力的方向所沿的直线叫作力的作用线。这种表示力的方法，叫作力的图示。

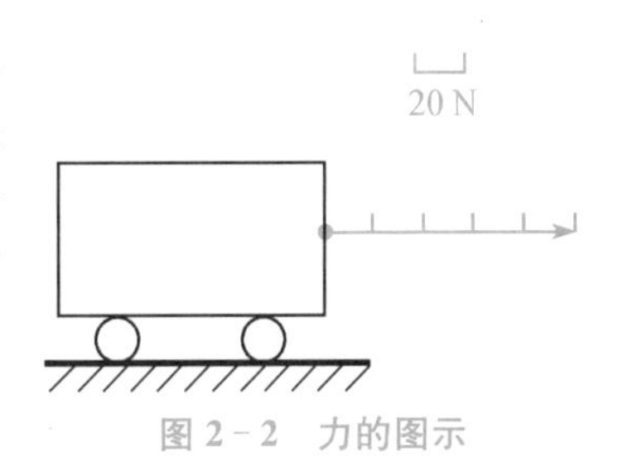

图 2 - 2　力的图示

图 2 - 2 中的力的图示表示作用在小车上的力为 100 N，方向水平向右。有时只需要画出力的示意图，即

在图中只画出力的方向，表示物体在这个方向上受到了力。

第二节　常见的几种力

重力、弹力、拉力、压力、支持力、摩擦力等，都是生活中常见的力。对于力，我们可以按力的作用效果来分类，有拉力、压力、支持力、动力、阻力等；还可以按其性质来进行分类，有重力、弹力、摩擦力、分子力、电磁力等。现在我们就来学习常见的重力、弹力、摩擦力这三种性质的力。

一、重力

地球上一切物体都受到地球的吸引，这种由于地球的吸引而使物体受到的力叫作重力。重力的大小也可以说成重量。

悬挂物体的绳子静止时总是竖直下垂的，由静止开始落向地面的物体总是竖直下落的，可见重力的方向总是竖直向下的。

重力的大小可以用弹簧秤测出。在已知物体质量的情况下，物体所受重力 G 的大小跟物体的质量 m 成正比，用公式表示就是 $G=mg$，式中的 g 一般取 9.8 N/kg。这个关系式表示，质量为 1 kg 的物体受到的重力是 9.8 N。

一个物体的各部分都要受到重力的作用。在很多情况下，从效果上看，可以认为各部分受到的重力作用集中于一点，这一点叫作物体的重心。物体的重心可能在物体内，也可能在物体外。有规则形状的质量均匀的物体，它的重心就在几何中心上。例如，均匀球体的重心在球心，均匀圆环的重心在环心，均匀细直棒的重心在棒的中点(图 2－3)。

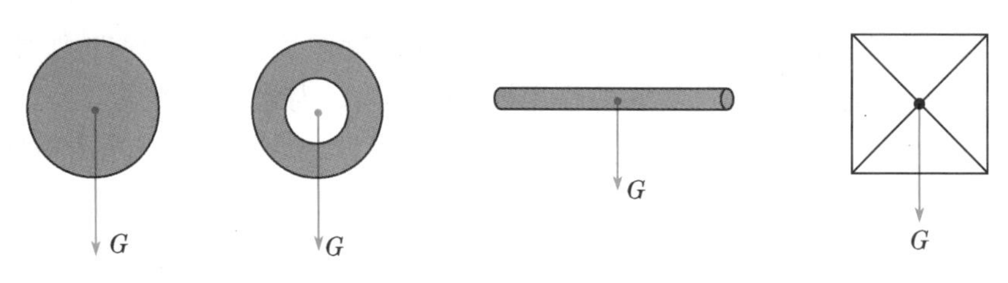

图 2－3　重心

对于质量分布不均匀或者形状不规则的物体来说，重心靠近质量较大的部分，例如，钢笔的重心位于离粗端较近的地方，铁架台的重心位于离铸铁座较近的地方。用简单的实验方法例如悬挂法，可以求出形状不规则或者质量不均匀的薄板状物体的重心。

探究实验

探究薄板的重心

薄板的重心位置可以用悬挂法求出(图 2-4)。先在 A 点把物体悬挂起来,当物体处于平衡时,由二力平衡条件知道,物体所受的重力跟悬绳的拉力在同一直线上,所以物体的重心一定在通过 A 点的竖直线 AB 上。然后在 D 点把物体悬挂起来,同样可以知道,物体的重心一定在通过 D 点的竖直线 DE 上。AB 和 DE 的交点 C,就是薄板重心的位置。

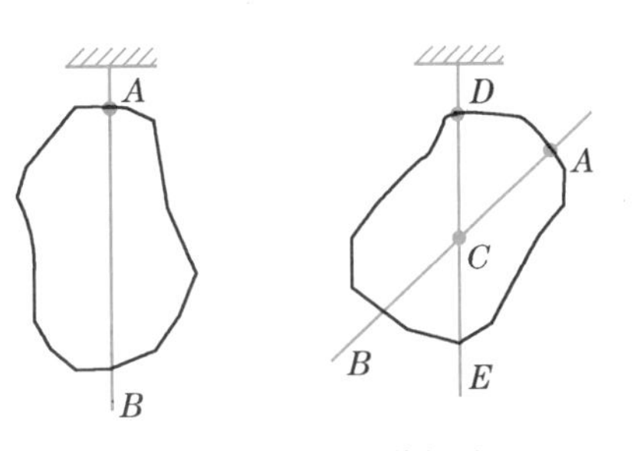

图 2-4　用悬挂法求薄板的重心

二、弹力

1. 弹性形变

物体在力的作用下会改变形状。例如,扁担受力会变弯,弹簧受力会伸长或缩短(图 2-5),物体的形状改变叫作形变。

图 2-5　物体在力的作用下发生形变

发生了形变的物体,在一定限度内,当外力消失后,仍能恢复原来的形状。这种能恢复原状的形变,叫作弹性形变。这个限度叫作弹性限度。超过了弹性限度,发生形变的物体就不能再恢复原状。

2. 弹力

用手拉弹簧,使弹簧伸长,手会感到弹簧对手有拉力;用手压弹簧,使弹簧缩短,手会感到弹簧对手有推力。这表明,发生弹性形变的物体由于要恢复原状而对阻碍它的物体产生了力的作用,这种力叫作弹力。

任何物体发生弹性形变时都要产生弹力。例如,放在水平桌面上的书,由于重力的作用而压迫桌面,使书和桌面同时发生微小的形变。书由于发生微小的形变,对桌面产生垂直于桌面向下的弹力 F_1,这就是书对桌面的压力;桌面由于发生微小的形变,对书产生垂直于书面向上的弹力 F_2，这就是桌面对书的支持力(图 2－6)。

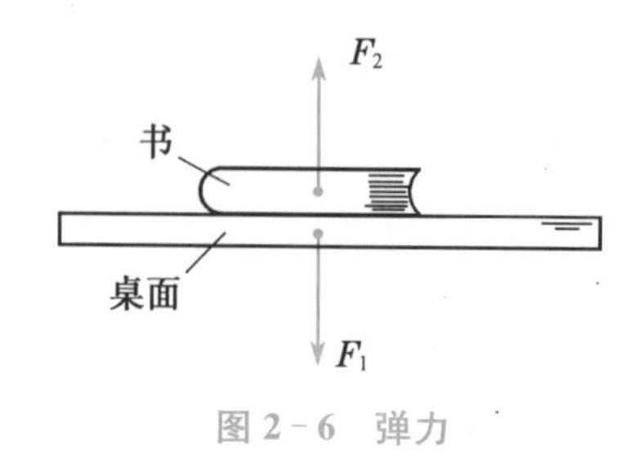

图 2－6 弹力

可见，弹力发生在互相接触、发生了弹性形变的物体之间。通常所说支持力和压力，从性质上看都是弹力。

思考与讨论

1. 挂在电线下面的电灯，由于重力的作用而拉紧电线，电灯对电线产生竖直向下的拉力 F_1；同时，电线对电灯产生竖直向上的拉力 F_2(图 2－7)。这两个拉力是弹力吗？弹力的方向有何特点？

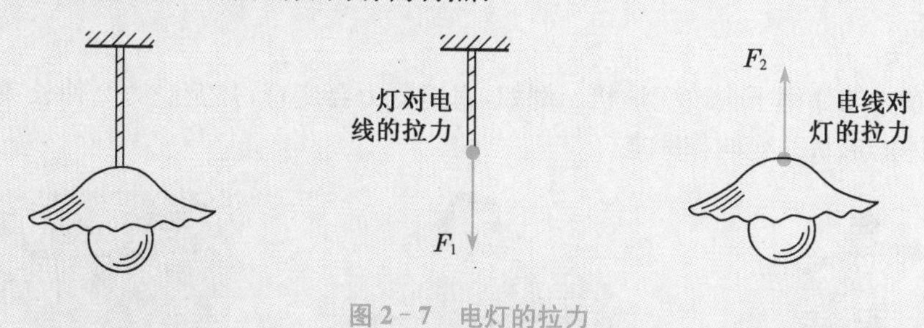

图 2－7 电灯的拉力

2. 在讲台上放置一铁架台，铁架台上固定一支激光笔，激光照射在对面墙上形成一亮红的光点，然后稍微用力压一下讲台，观察墙上光点位置的变化，如图 2－8 所示，这个现象说明了什么？

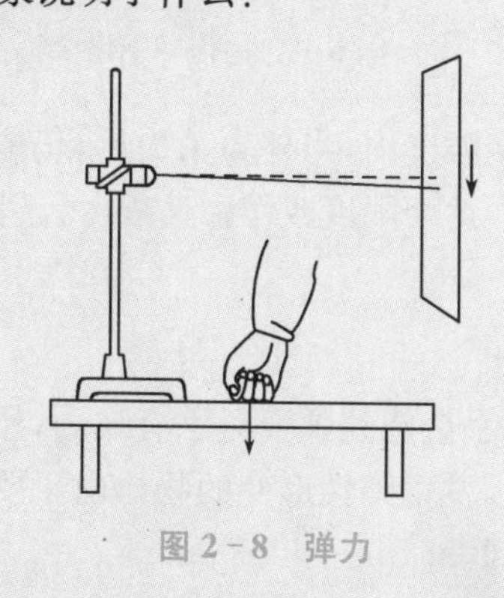

图 2－8 弹力

3. 胡克定律

弹力的大小跟物体的材料和形变的大小有关，在弹性限度内，形变越大，弹力也越大。

例如，射箭时，把弓拉得越满，形变越大，弹力也越大，箭就射得越远。

英国物理学家胡克通过实验研究发现，在弹性限度内，弹力的大小跟物体形变的大小成正比，这个规律叫作胡克定律。弹簧弹力的大小用公式表示为

$$F=-k\Delta x$$

式中的负号表示弹力的方向与形变的方向相反；Δx 表示弹簧伸长（或缩短）的长度，单位是米，符号是 m；k 叫作劲度系数，单位是牛顿/米，符号是 N/m。劲度系数与弹簧的粗细、长短等因素有关。弹簧秤就是根据胡克定律制成的。

例题 1　某弹簧的自然长度为 5 cm，劲度系数为 600 N/m。当用它称某一重物时，弹簧伸长到 8 cm。求物体的重量。

解　弹簧秤的原长 $l_0=5$ cm，伸长后的长度 $l=8$ cm，劲度 $k=600$ N/m。弹簧伸长的长度 $\Delta x=l-l_0$（图 2－9）。

根据胡克定律 $F=-k\Delta x$ 知道，弹簧的弹力的大小为

$$\begin{aligned} F&=k(l-l_0)\\ &=600\times(8-5)\times10^{-2}(\text{N})\\ &=18(\text{N}) \end{aligned}$$

图 2－9　弹簧秤

由于弹簧的弹力等于所称物体受到的重力，所以该物体的重量是 18 N。

三、摩擦力

摩擦是一种常见的现象，在生活和生产中常常可以见到（图 2－10）。摩擦的种类有三种：滑动摩擦、静摩擦和滚动摩擦。

图 2－10　摩擦现象

1. 滑动摩擦力

当一个物体在另一个物体表面上滑动的时候，要受到另一个物体阻碍它滑动的力，这种力叫作滑动摩擦力。

大量实验表明：两个物体间的滑动摩擦力的大小跟这两个物体表面间的压力的大小成正比。如果用 F_f 表示滑动摩擦力的大小，用 F_N 表示压力的大小，二者之间的关系可以用下面的公式来表示：

$$F_f=\mu F_N$$

式中的 μ 是比例常数，叫作动摩擦因数，它的大小跟相互接触的材料有关，还跟接触面的光滑程度有关。表 2-1 是几种材料间的动摩擦因数。

表 2-1 几种材料间的动摩擦因数(近似值)

材 料	动摩擦因数
钢—钢	0.25
木—木	0.30
木—金属	0.20
皮革—铸铁	0.28
钢—冰	0.02
木头—冰	0.03
橡皮轮胎—路面(干)	0.71

由公式可以看出，在材料的动摩擦因数相同的情况下，两个物体间的压力越大，滑动摩擦力就越大；在压力相同的情况下，滑动摩擦力的大小取决于材料间的动摩擦因数的大小。

滑动摩擦力的方向总跟接触面相切，并且跟物体的相对运动的方向相反。

例题 2 寒冷的冬季，狗拉着小朋友玩雪橇。雪橇和小朋友的总重量为 1.2×10^3 N，在水平的冰道上，狗要在水平方向用多大的力，才能够拉着雪橇匀速前进?

分析 雪橇(包括小朋友)在水平方向受到两个力的作用：狗对雪橇的拉力 F_1，冰道对雪橇的滑动摩擦力 F_2。要使雪橇匀速前进，F_1 和 F_2 应该大小相等，方向相反，即 $F_1=F_2$。钢和冰之间的动摩擦因数 μ 的数值可在表 2-1 中查出：$\mu=0.02$。

解 已知 $G=1.2\times10^3$ N，$\mu=0.02$，求拉力 F_1。

$$F_1=F_2=\mu F_N=\mu G$$

代入数值得

$$F_1=0.02\times1.2\times10^3(\text{N})=24(\text{N})$$

狗要在水平方向用 24 N 的力，才能够拉着雪橇匀速前进。

2. 静摩擦力

在日常生活中，有时会遇到这种情况：用力推箱子，箱子没有被推动。在推力的作用下，箱子与地面之间有相对运动的趋势，但又保持相对静止(图 2-11)。这时在箱子和地面之间产生的阻碍箱子相对运动趋势的摩擦力叫作静摩擦力。这个摩擦力和推力都作用在箱子上，它们的大小相等，方向相反，彼此平衡，因此箱子保持不动。

图 2－11　静摩擦力

图 2－12　货物运输机

逐渐增大对箱子的推力 F，如果箱子仍旧保持不动。静摩擦力 F_f 跟推力的大小相等，方向相反。可见，静摩擦力随推力的增大而增大。但是静摩擦力的增大有一个限度，静摩擦力的最大值 F_{max} 叫作最大静摩擦力。当推力超过最大静摩擦力时，箱子就可以被推动了。最大静摩擦力等于使箱子刚要运动时的推力。两物体间实际发生的静摩擦力在零和最大静摩擦力之间。

静摩擦力的方向总跟接触面相切，并且跟物体相对运动趋势的方向相反。

除了滑动摩擦、静摩擦，还有滚动摩擦。滚动摩擦是一个物体在另一个物体表面上滚动时产生的摩擦，滚动摩擦比滑动摩擦小得多。

静摩擦力的作用在生活中随处可见。例如，手能拿住瓶子不滑落，织成布的纱线不散开，靠的是静摩擦力的作用。货物运输机是靠货物和传送皮带间的静摩擦力来工作的(图 2－12)。

第三节　力的合成

在实际中，作用在物体上的力往往不止一个。例如，幼儿园小朋友力气小，要两个人同提一桶水，作用在水桶上的拉力是两个；当然，这桶水也可以由一名老师来提，这时作用在水桶上的拉力是一个。也就是说，老师一个人提水的作用效果跟两个小朋友共同作用提水的效果相同(图 2－13)。

图 2－13　提水的力

如果一个力作用在物体上，它产生的效果跟几个力共同作用的效果相同，这个力就叫作那几个力的合力，而那几个力就叫作这个力的分力，求几个已知力的合力，叫作力的合成。

如果物体同时受到几个力的作用，并且这几个力都作用在物体的同一点，或力的作用线相交于一点，这几个力叫作共点力(图 2－14)。

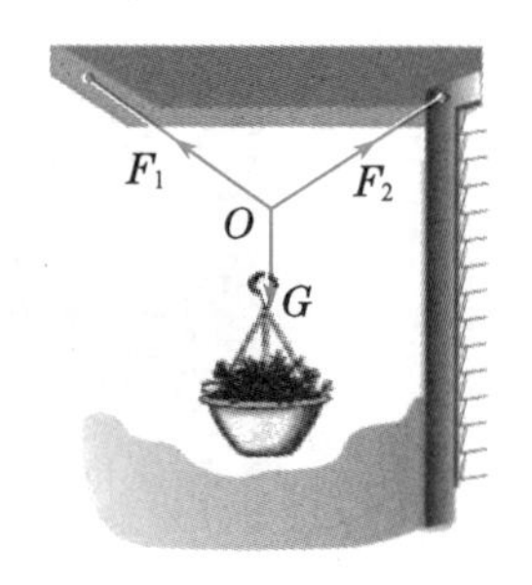

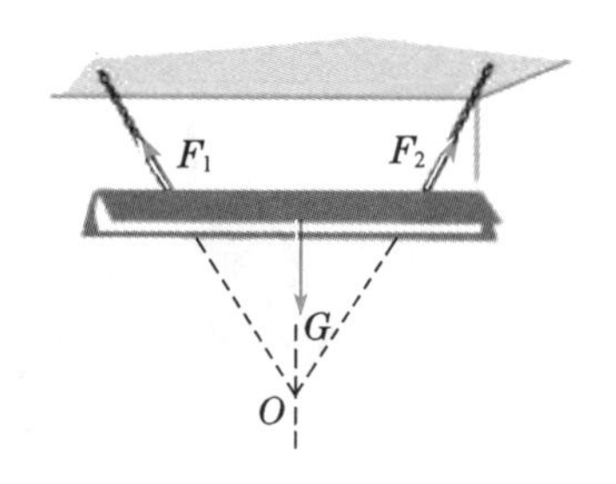

图 2-14　共点力

一、一条直线上的力的合成

从初中所学知道，如果两个共点力方向相同，合力的大小等于两个分力的大小之和，合力的方向与两个分力的方向相同(图 2-15 甲)。

如果两个分力方向相反，合力的大小等于两个分力的大小之差，合力的方向与分力中数值较大的那个分力的方向相同(图 2-15 乙)。

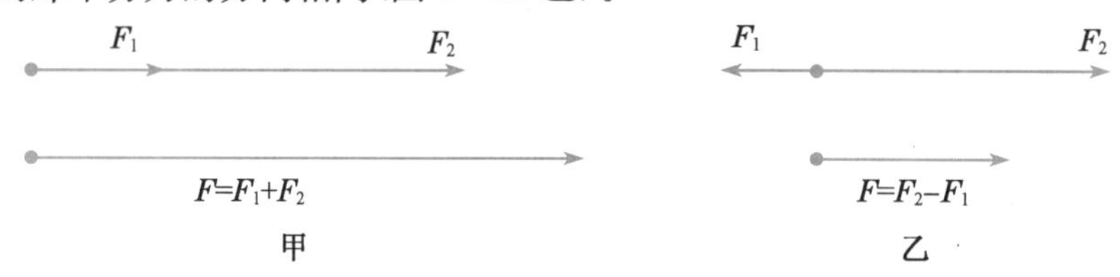

图 2-15　直线上力的合成

二、互成角度的共点力的合成

共点力的合成有什么规律呢？下面，我们用实验来研究两个共点力的合成。

探究实验

互成角度的力的合成

图 2-16 甲表示橡皮条 GE 在两个力 F_1 和 F_2 的共同作用下，沿着直线 GC 伸长了 EO 这样的长度。图 2-16乙表示撤去 F_1 和 F_2，用一个力 F 作用在橡皮条上，使橡皮条沿着相同的直线伸长相同的长度。力 F 对橡皮条产生的效果跟力 F_1 和 F_2 共同产生的效果相同，所以力 F 等于 F_1 和 F_2 的合力。

合力 F 跟力 F_1 和 F_2 有什么关系呢？

在力 F_1 和 F_2 的方向上各作线段

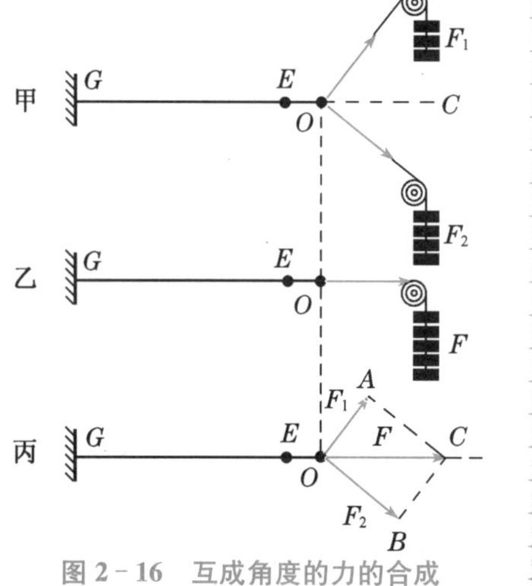

图 2-16　互成角度的力的合成

OA 和 OB，根据选定的标度，使它们的长度分别表示力 F_1 和 F_2 的大小（图 2-16 丙）。以 OA 和 OB 为邻边作平行四边形 $OACB$，量出这个平行四边形的对角线 OC 的长度，可以看出，根据同样的标度，合力 F 的大小和方向可以用对角线 OC 表示出来。

改变力 F_1 和 F_2 的大小和方向，重做上述实验，可以得到同样的结论。

实验表明：互成角度的两个共点力的合力，能够用表示这两个分力的有向线段为邻边的平行四边形的对角线来表示，对角线的长度表示合力的大小，对角线的方向表示合力的方向。这种求合力的规则，叫作平行四边形定则。

例题 3　力 $F_1=45\ \text{N}$，方向水平向右。力 $F_2=60\ \text{N}$，方向竖直向上。求这两个力的合力 F 的大小和方向。

解　用作图法求解。选择某一标度，例如用 6 mm 长的线段表示 15 N 的力。

作 $F_1=45\ \text{N}$、$F_2=60\ \text{N}$ 的图示，根据平行四边形定则，作图求出表示合力 F 的对角线，如图 2-17 所示，用刻度尺量得表示合力 F 的对角线长 30 mm，所以合力的大小

$$F=15\times\frac{30}{6}(\text{N})=75(\text{N})$$

用量角器量得合力 F 与力 F_1 的夹角为 53°。

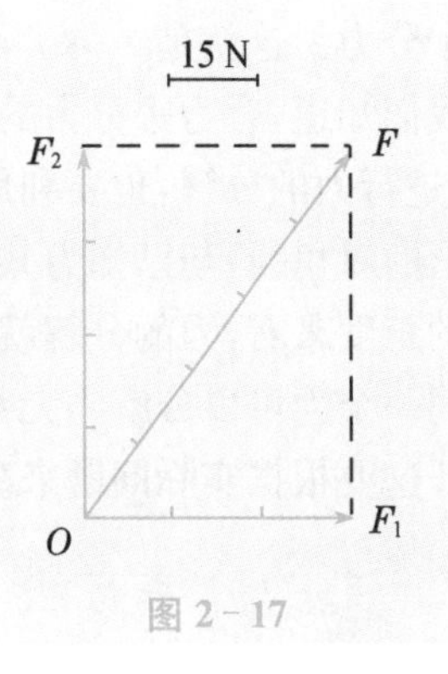

图 2-17

讨　论

两个力 F_1、F_2 的夹角从 0°变化到 180°的过程中，合力 F 的大小怎样变化？什么情况下，合力最大？最大值有多大？什么情况下，合力最小？最小值有多大？

力是矢量，力的合成要遵守平行四边形定则。平行四边形定则不仅适用于力的合成，也适用于位移、速度、加速度等矢量的合成。平行四边形定则是矢量合成的普遍定则。

三、共点力的平衡

从初中学过的二力平衡的知识可知：如果作用在一个物体上的两个力大小相等、方向相反，并且在同一直线上，这两个力就互相平衡。从合力的角度来看，作用在物体上的互相平衡的两个力的合力等于零。把二力平衡的知识推广到一般的情况：如果作用在物体上的几个共点力的合力等于零，这几个力就叫作互相平衡的力。

讨　论

两个人共同提一桶水，要想省力，两人手的拉力间的夹角应大些还是小些？为什么？你能用橡皮筋做个简单的实验来证明你的结论吗？

第四节　力的分解

一、力的分解

在许多实际问题中，有时一个力能在不同的方向上产生几种作用。例如，当我们在水平路面上向斜上方拉车时，拉力不仅使车前进，而且还减小了车对路面的压力(图 2－18)。

图 2－18

在这个问题中，一个力在两个方向上起作用。在研究力的作用时，可以把一个力按它所起作用的方向分解成两个分力。这就是力的分解。

我们知道，合力跟分力的关系遵循平行四边形定则。力的分解是力的合成的逆运算。因此，进行力的分解，也要利用平行四边形定则。在进行力的分解时，把已知力作为平行四边形的对角线，与已知力共点的平行四边形的两个邻边就是它的两个分力。所以，从几何学的角度来看，力的分解就是根据平行四边形的对角线来求邻边。

同一个力可以分解为无数对大小、方向不同的分力。那么一个已知力究竟应该怎样分解？这要根据实际问题来决定。下面我们来分析几个实际例子。

二、力的分解方法

1. 斜向上方拉力的分解

放在水平面上的物体受一个斜向上方的拉力 F，这个力与水平方向成 θ 角(图 2－19)。这个力产生两个效果：水平向前拉物体，同时竖直向上提物体。因此力 F 可以分解为沿水平方向的分力 F_1，和沿竖直方向的分力 F_2。力 F_1 和 F_2 的大小为

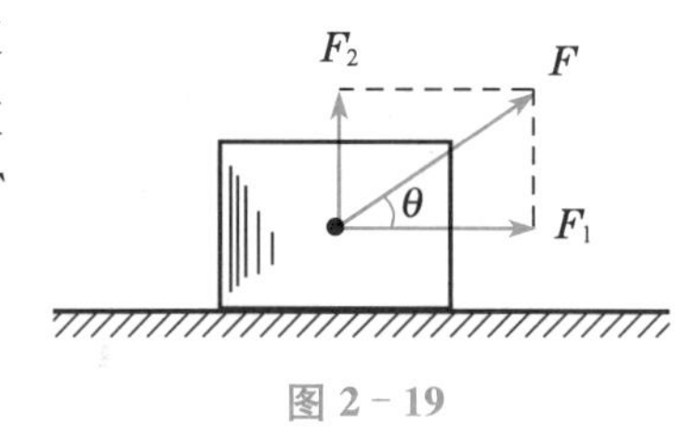

图 2－19

$$F_1 = F\cos\theta$$

$$F_2 = F\sin\theta$$

2. 重力在斜面上的分解

把一个物体放在斜面上，物体受到竖直向下的重力，但它并不能竖直下落，而要沿着斜面下滑，同时使斜面受到压力。这时重力产生两个效果：使物体沿斜面下滑以及使物体紧压斜面。因此重力 G 可以分解为这样两个分力：平行于斜面使物体下滑的分力 F_1，垂直于斜面使物体紧压斜面的分力 F_2(图 2－20)。

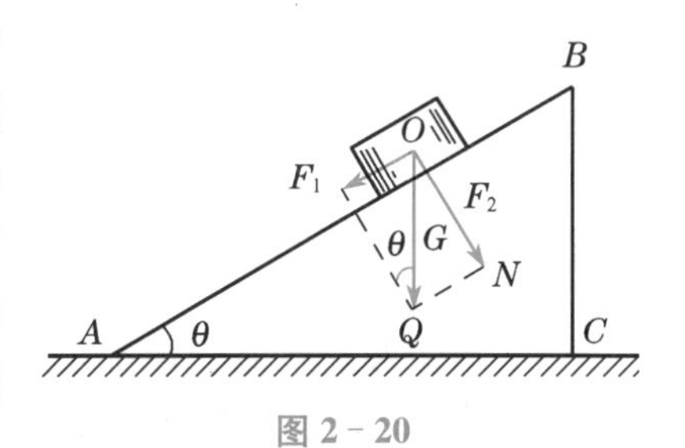

图 2－20

如果已知斜面的倾角 θ,就可以求出分力 F_1 和 F_2 的大小。由于直角三角形 ABC 和 OQN 相似,所以

$$F_1=G\sin\theta$$

$$F_2=G\cos\theta$$

可以看出,F_1 和 F_2 的大小都和斜面的倾角有关。斜面的倾角增大时,F_1 增大,F_2 减小。类似地,车辆上桥时,分力 F_1 阻碍车辆前进;车辆下桥时,分力 F_1 使车辆运动加快。为了行车方便与安全,高大的桥要造很长的引桥,来减小桥面的坡度。

从上述例子可以看出,分解一个力要具体考虑这个力产生的效果,根据它产生的效果来分解。

实验三　验证力的平行四边形定则

【实验目的】

验证力的平行四边形定则。

【实验原理】

一个力 F' 的作用效果和两个力 F_1、F_2 的作用效果都是让同一条一端固定的橡皮条伸长到同一点,所以力 F' 就是这两个力 F_1 和 F_2 的合力。作出力 F' 的图示,再根据平行四边形定则作出力 F_1 和 F_2 的合力 F 的图示,比较 F 和 F' 的大小和方向是否都相同,若相同,则说明互成角度的两个力合成时遵循平行四边形定则。

【实验器材】

方木板,白纸,弹簧测力计(两只),橡皮条,细绳套(两个),三角板,刻度尺,图钉(几个),细芯铅笔。

【实验步骤】

(1) 如图 2-21 所示,用图钉把白纸钉在水平桌面上的方木板上。

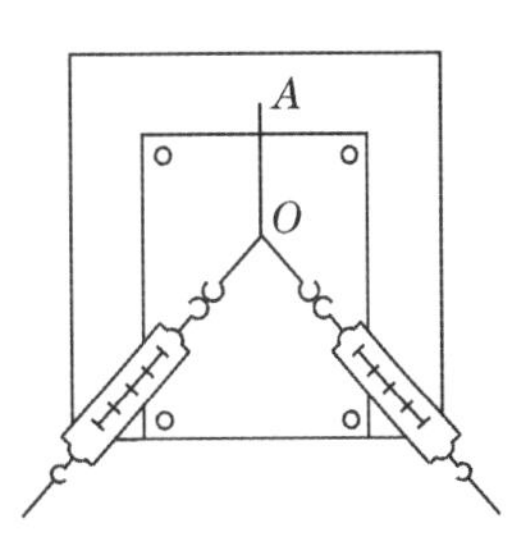

图 2-21　验证力的平行四边形定则

(2) 用图钉把橡皮条的一端固定在 A 点,橡皮条的另一端拴上两个细绳套。

(3) 用两只弹簧测力计分别钩住细绳套,互成角度地拉橡皮条,使橡皮条与绳的结点伸长到某一位置 O,记录两弹簧测力计的读数,用铅笔描下 O 点的位置及此时两细绳套的方向。

(4) 只用一只弹簧测力计通过细绳套把橡皮条的结点拉到同样的位置 O,记下弹簧测力计的读数和细绳套的方向。

(5) 改变两弹簧测力计拉力的大小和方向,再重做两次实验。

【数据处理】

(1) 用铅笔和刻度尺从结点 O 沿两细绳套方向画直线,按选定的标度作出这两只弹簧测力计的拉力 F_1 和 F_2 的图示,并以 F_1 和 F_2 为邻边用刻度尺作平行四边形,过 O 点画平行四边形的对角线,此对角线即合力 F 的图示。

(2) 用刻度尺从 O 点按同样的标度沿记录的方向,作出只用一只弹簧测力计时的拉力 F' 的图示。

(3) 比较 F 与 F' 是否完全重合或几乎完全重合,从而验证平行四边形定则。

本章小结

本章主要研究力、三种常见力(重力、弹力、摩擦力)以及共点力的合成与分解。

力是物体对物体的作用,有受力物体,必有施力物体。力是有方向的量。力可以用力的图示来表示。

(1) 重力(G)是由于地球的吸引而使物体受到的力,方向竖直向下。

$$G=mg$$

(2) 弹力是物体由于发生弹性形变而产生的力。

胡克定律:在弹性限度内,弹力的大小跟物体形变的大小成正比。

用公式表达: $F=-k\Delta x$ (k 是弹性系数,Δx 是物体形变大小)

(3) 滑动摩擦力:一个物体在另一个物体表面滑动时,受到另一个物体阻碍它滑动的力。

大小: $F=\mu F_N$ (μ 是动摩擦因数,F_N 是压力)

静摩擦力:阻碍物体相对运动趋势的摩擦力。

合力与分力:如果一个力作用在物体上,它产生的效果跟几个力共同作用的效果相同,这个力就叫作那几个力的合力,而那几个力就叫作这个力的分力。

力的合成:求几个已知共点力的合力。

力的分解:求一个已知力的分力。

力的合成与分解都遵守平行四边形定则。

平行四边形定则:两个互成角度的力合成时,以表示这两个力的线段为邻边作平行四边形,这两个邻边之间的对角线就代表合力的大小和方向。

习 题

习题 2-1

1. 画出下面几个力的图示。

(1) 悬绳对重物竖直向上的拉力 50 N。

（2）某人沿着跟水平面成30°角的方向用25 N的力斜向上拉一辆小车。

习题 2－2

1. 用两根绳子把一个小工艺品挂起来（图2－22），小工艺品受到几个力的作用？各是什么物体对它的作用？各是哪种性质的力？各力的方向是怎样的？画出受力的示意图。

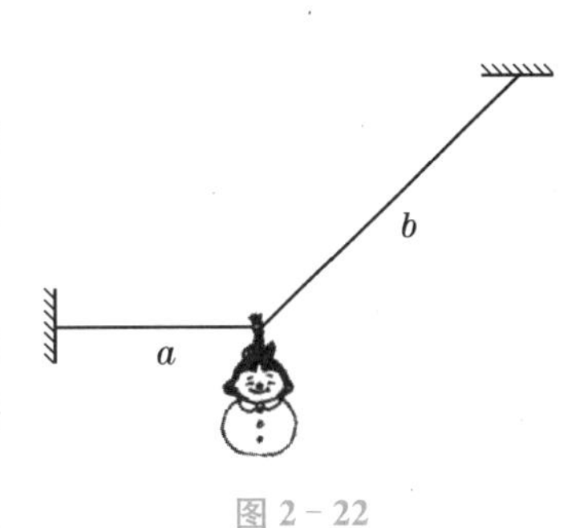

图2－22

2. 某弹簧原长10 cm，挂上100 g重物后，长度变为12.5 cm，该弹簧的劲度系数是多大？（弹簧的质量忽略不计）

3. 重量为100 N的木箱放在水平地板上，至少要用40 N的水平推力，才能使它从原地开始运动。木箱与地板间的最大静摩擦力 F_{max}＝________。

木箱从原地移动以后，用38 N的水平推力。就可以使木箱继续做匀速直线运动。这时木箱所受的滑动摩擦力 F_f＝________，动摩擦因数 μ＝________。

4. 上题中，如果用20 N的水平推力推木箱，木箱是否会从原地移动？有没有相对运动的趋势？所受静摩擦力 F_f＝________。用80 N的水平推力推着木箱运动，木箱所受的滑动摩擦力 F_f＝________。

5. 用20 N的水平力拉着一块重量为40 N的砖，可以使砖在水平地面上匀速滑动。求砖和地面之间的动摩擦因数。

习题 2－3

1. 两个力互成30°角，大小分别是90 N和120 N。用作图法求出合力的大小和方向。

2. 有两个力，一个是8 N，一个是12 N，合力的最大值等于________，最小值等于________。

3. 用两根结实的绳子拉一辆陷在泥地里的车，两条绳对车的拉力都是2 000 N，两绳互成45°角。用作图法求出合力的大小和方向。

习题 2－4

1. 一人骑自行车从倾角是30°的斜坡向下滑行。人和车所受的重力总共是700 N。求重力使车沿斜坡滑行的力和车对斜坡的压力。

2. 下部装有轮子的箱子重150 N，放在水平地面上。用大小为50 N，跟水平方向成30°角的力去推它或拉它（图2－23）。试就这两种情况分别求出箱子对地面的压力。

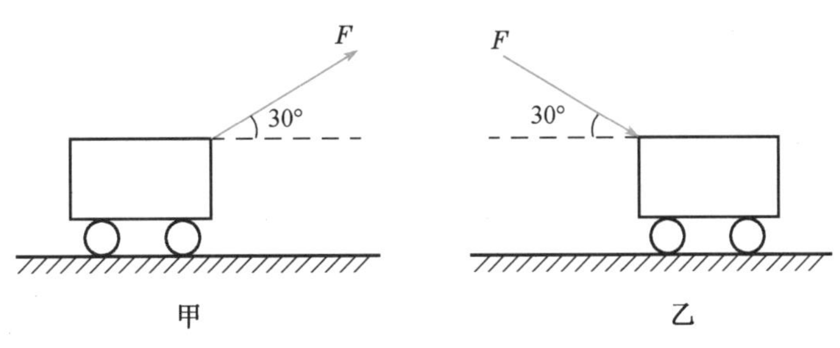

图2－23

第三章　牛顿运动定律

本章导读

第一章我们学习了怎样描述物体的运动及直线运动的规律，这部分属于力学中的**运动学**。运动学只研究物体的运动规律而不研究物体这样运动的原因。第二章我们学习了物体间的相互作用——力，一切物体都受到力的作用，而力的作用效果之一就是能改变物体的运动状态。可见，力和物体的运动有着密切的联系。在力学中，研究运动和力之间的关系的分科叫作**动力学**。

图 3－1　牛顿

动力学的奠基人是英国科学家牛顿(Isaac Newton)(图 3－1)。牛顿总结了前人研究结果并进行了创造性的研究，在他的名著《自然哲学的数学原理》中提出了三条运动定律，这三条定律总称为牛顿运动定律，是整个动力学的基础。

中国高铁

第一节　牛顿第一定律

一、运动与力的关系

17 世纪以前，古希腊的哲学家亚里士多德根据生活观察和直觉得出结论：必须有力作用在物体上，物体才能运动。没有力的作用，物体就要静止下来，因此，力是维持物体运动的原因。这个观点符合人们的日常认知，一直沿用了二千多年。

17 世纪，意大利著名物理学家伽利略根据实验指出，在水平面上运动的物体之所以会停下来，是因为受到摩擦阻力的缘故。如果没有摩擦，物体将保持具有的速度一直运动下去。

伽利略还根据他的理想实验进行了推论。

如图 3－2 所示，让小球从静止开始沿着一个斜面滚下来，小球将滚上另一个斜面。如果没有摩擦，小球将上升到原来的高度。如果减小第二个斜面的倾角，小球在这个斜面上达到原来的高度就要通过更长的路程。继续减小第二个斜面的倾角，它将通过更长的路程。如此，当斜面最终成为水平面时，小球就再也达不到原来的高度，而沿着这个水平面以恒定的速度永远运动下去。

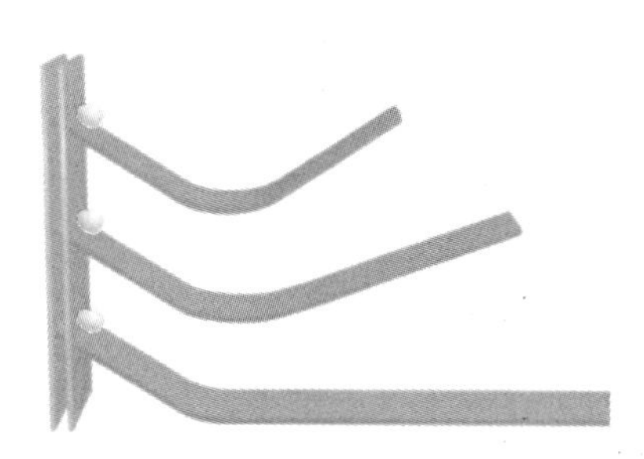
图 3－2　伽利略的理想实验

伽利略的理想实验是建立在可靠的事实基础上的。他以可靠的事实为基础，经过抽象思维，抓住事物的主要因素，忽略次要因素，对实际过程以一定的逻辑法则为根据做出更深入一层的抽象分析，从而能更深刻揭示自然规律。理想实验是科学研究的重要方法之一。

伽利略同时代的法国科学家笛卡尔进一步补充和完善了伽利略的论点，他认为如果没有其他原因，运动的物体将继续以同一速度沿着一条直线运动，既不会停下来，也不会偏离原来的方向。

二、牛顿第一定律

牛顿在伽利略、笛卡尔等人的研究基础上，根据自己的进一步研究，系统地总结了力学的知识，得出下述结论：

一切物体总保持匀速直线运动状态或静止状态，直到有外力迫使它改变这种状态为止。

这就是**牛顿第一定律**，它指出了力是改变物体运动状态的原因，物体的运动不需要力来维持。物体都有一种性质，即保持匀速直线运动状态或静止状态的性质，我们把这种性质叫作**惯性**。

惯性是物体固有的性质，生活中惯性现象随处可见。向远方击出一个排球，排球离开手之后还能继续向前飞,汽车刹车后不能立即停下来都是由于惯性。人在汽车突然开动的时候会向后倾,以及汽车突然刹车时会向前倾也是由于惯性。

一切物体都具有惯性,如果没有外力的作用,任何静止的物体都不会自己运动起来,任何运动的物体也不会自己静止下来。生活和实验告诉我们,质量不同的物体保持自己原来状态的"能力"也是不一样的。物体的质量越大,原有运动状态越不容易改变,惯性越大。质量是物体惯性大小的唯一量度。

惯性的大小在生产和生活中是经常要考虑到的因素。当我们要求物体的运动状态容易改变时,应尽可能减小物体的质量。歼击机的质量比运输机小得多,就是为了提高歼击机的灵活性。相反,当我们要求物体的运动状态不容易改变时,应尽可能增大物体的质量。例如,客机比歼击机质量要大得多,这样可以提高稳定性,以防在高空中颠簸。

需要注意的是,在实际生活中,牛顿第一定律所描述的物体不受外力的状态是一种理想化的状态。不受外力作用的物体是不存在的,做匀速直线运动或静止的物体,是由于它们受到的外力相互平衡,合力为零的结果。

第二节　牛顿第二定律

一、加速度和力、质量的关系

我们已经知道力是改变物体运动状态的原因。物体的运动状态发生了变化,说明物体有了加速度。也就是说力是使物体产生加速度的原因。物体的加速度与力有关。例如,列车出站时,在机车牵引力的作用下,由静止开始运动,并且速度不断增大;列车进站时,由于受到阻力的作用,速度不断减小,最后停下来。

另一些事实告诉我们,用相同大小的力去推一辆空车和一辆装满货物的车,空车起动得快,即加速度大,满车起动得慢,即加速度小,这也说明,加速度与物体的质量有关。

物体的加速度跟它所受的力和本身的质量有关系,下面我们来研究它们之间到底有什么关系。

二、牛顿第二定律

探究实验

研究加速度和力的关系

取两个质量相同的小车,放在光滑的水平板上(图 3－3)。小车的前端各系上细绳,绳的另一端跨过定滑轮各挂一个小盘,盘里分别放着数目不等的砝码,使两个小车在不同的拉力下做匀加速直线运动。车的后端也分别系上细绳,用一只夹子夹住这两根细绳,以同时控制两辆小车,使它们同时开始运动和停止运动。

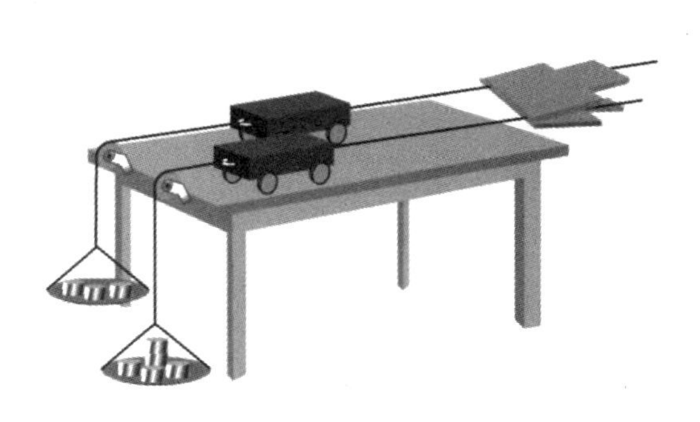

图 3－3

打开夹子，两辆小车在恒力作用下都由静止开始做匀加速直线运动。小车走过一段距离以后，关上夹子，让它们同时停下来。我们发现，这段时间里，两辆小车发生的位移不同。所受拉力大的那辆小车，位移大。由公式 $s=\frac{1}{2}at^2$ 可知，在时间 t 相同的情况下，位移 s 和加速度 a 成正比，说明所受拉力力大的小车，加速度大，加速度与拉力成正比。

研究表明：对质量相同的物体来说，物体的加速度跟作用在物体上的力成正比。用数学公式表示，即 $a \propto F$。

探究实验

研究加速度跟质量的关系

用前面的实验装置。这次在两个盘里放上相同数目的砝码，使两辆小车所受的拉力相同，而在一辆小车上加放砝码，以增大质量，重做实验。我们发现，在相同的时间里，质量小的那辆小车的位移大。这说明，质量小的小车加速度大，小车的加速度与它们的质量成反比。

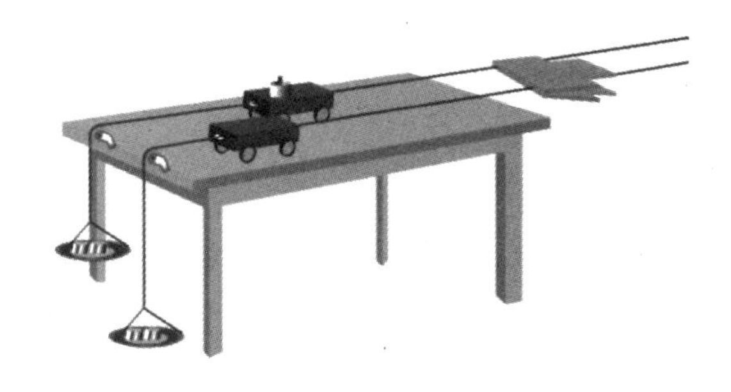

图 3－4

研究表明：在相同的力作用下，物体的加速度跟物体的质量成反比，用数学公式表示就是 $a \propto \frac{1}{m}$。

把上述两个实验结果综合起来，就可以得出加速度跟力和质量之间的关系：

$$a \propto \frac{F}{m} \text{或} F \propto ma。$$

这表示：物体的加速度跟所受的作用力成正比，跟它的质量成反比。这就是牛顿第二定律。

上面的表述也可以写成等式：

$$F = kma$$

式中的 k 是比例常数。在采用国际单位制时，比例系数 $k=1$，因此上式简化为 $F=ma$。

当物体受到几个力的作用时，牛顿第二定律公式中的 F 表示外力的合力。因此牛顿第二定律也可以写成

$$F_{合} = ma$$

牛顿第二定律反映的是加速度、质量、合外力的关系。如果已知物体的受力情况，可以由牛顿第二定律求出物体的加速度，再通过运动学的规律确定物体的运动情况；如果已知物体的运动情况，根据运动学的规律求出物体的加速度，就可以由牛顿第二定律确定物体所受的外力。因此，它在天体运动的研究、车辆的设计等许多基础科学和工程技术中都有广泛的应用。

例题 火车的质量是 8.0×10^5 kg，受到 2.88×10^6 N 的牵引力的作用，车轮与铁轨间的摩擦及空气阻力共是 2.80×10^6 N。求火车产生的加速度。

分析 火车受到牵引力 F、阻力 F_f、重力 G 以及支持力 F_N 四个力的作用，如图 3-5 所示。由于重力 G 跟支持力 F_N 互相平衡，因此，火车在竖直方向上不产生加速度。在水平方向上，牵引力 F 和阻力 F_f 的合力使火车产生加速度。

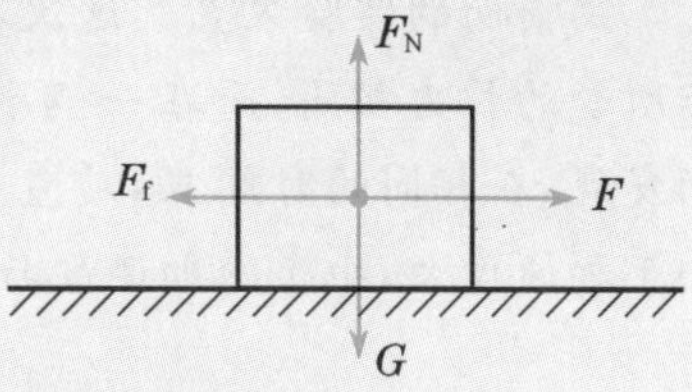

图 3-5

解 $F_{合} = F - F_f$

$= 2.88 \times 10^6\ \text{N} - 2.80 \times 10^6\ \text{N}$

$= 8.0 \times 10^4\ \text{N}$

根据牛顿第二定律的公式 $F_{合} = ma$ 可知，火车的加速度：

$$a = \frac{F_{合}}{m} = \frac{8.0 \times 10^4}{8.0 \times 10^5}\ \text{m/s}^2 = 0.1\ \text{m/s}^2$$

可见，火车产生的加速度为 $0.1\ \text{m/s}^2$，方向同牵引力方向一致。

第三节　牛顿第三定律

一、作用力和反作用力

我们有这样的经验：当我们双手用力向前推墙时，我们的身体会向后倾，说明墙对我们也会产生相反的推动作用；踢足球时，脚尖猛力踢一下球，球飞向远处，同时脚也会感觉到疼痛，说明足球对脚也有力的作用；平静的湖面上，人在一只船上用力推另一只船，另一只船对这只船也会产生推力的作用，两只船会同时向相反的方向运动。

大量事实表明：两个物体之间的力的作用总是相互的。一个物体对另一个物体有力的作用，另一个物体一定同时对这个物体也有力的作用。

两个物体间相互作用的这一对力，叫作作用力和反作用力。我们可以把其中的任何一个力叫作作用力，而另一个力就叫作反作用力。

二、牛顿第三定律

作用力和反作用力之间存在什么样的关系呢？

探究实验

研究作用力和反作用力的关系

大个同学拉小个同学，分三种情况拉：(1) 让小个"主动"拉大个；(2) 让大个"主动"拉小个；(3) 双方同时施加拉力。可以看到三种情况下，两人间拉力的方向相反，测力计的示数总是同时出现、同时消失，并且示数总是相同的。

图 3－6

改变手拉测力计的力，测力计的示数也随着改变，但两个测力计的示数也总是相等。

以上实验表明：物体之间的作用力和反作用力的大小相等、方向相反，作用在一条直线上。这就是牛顿第三定律。

为了方便，常常用 F 表示作用力，用 F' 表示反作用力，于是，这两个力的关系可表示为

$$F=-F'$$

讨　论

“作用力和反作用力总是大小相等，方向相反，作用在同一条直线上，那么，这两个力就是相互平衡的力，合力为零。”这种说法对吗？如果不对，错在哪里？说明理由。

牛顿第三定律在生产和生活中应用很广泛。人走路时用脚蹬地，脚对地面施加一个向后的作用力，地面同时也给人一个大小相等的向前的反作用力，使人前进。划船时，桨对水施加一个向后的作用力，水同时也给桨一个大小相等的向前的反作用力，使船前进。汽车的发动机带动驱动轮转动，由于轮胎和地面间有摩擦，车轮向后推地面，地面给车轮一个向前的反作用力，使汽车前进。

第四节　牛顿运动定律的应用

牛顿第二定律确定了运动和力的关系，使我们能够把物体的运动情况和受力情况联系起来。运用牛顿运动定律不但可以解决地面上常见的一般物体的运动问题，还可以解决航天等比较复杂的运动问题。

例题 1　一个原来静止的物体，质量是 7 kg，在 14 N 的恒力作用下，5 s 末的速度是多大？5 s 内通过的路程是多少？

分析　在恒力的作用下物体做匀加速直线运动。根据牛顿第二定律 $F=ma$ 求出加速度 a，再用初速度为零的匀加速直线运动的公式，就可以求出 5 s 末的速度和 5 s 内通过的路程。

解　已知 $m=7\ \text{kg}$，$F=14\ \text{N}$，$t=5\ \text{s}$，求 v_t 和 s。

$$a=\frac{F}{m}=\frac{14\ \text{N}}{7\ \text{kg}}=2\ \text{N/kg}=2\ \text{m/s}^2$$

$$v_t=at=2\ \text{m/s}^2\times 5\ \text{s}=10\ \text{m/s}$$

$$s=\frac{1}{2}at^2=\frac{1}{2}\times 2\ \text{m/s}^2\times 25\ \text{s}^2=25\ \text{m}$$

物理公式在确定物理量的数量关系的同时，也确定了物理量的单位关系。因此，我们可以选定几个物理量的单位作为**基本单位**，根据物理公式中其他物理量和这几个物理量的关系，推导出其他物理量的单位。在力学中，选定长度 m、质量 kg 和时间 s 这三个物理量的单位作为基本单位，就可以导出其余的物理量的单位。例如利用公式 $v=\frac{s}{t}$ 可以推导出速度的单位(m/s)，再利用公式 $a=\frac{v_t-v_0}{t}$ 可以推导出加速度的单位(m/s^2)。这些推导出来的单位叫作**导出单位**。基本单位和导出单位一起组成了**单位制**。

例题 2　一个物体，质量是 2 kg，受到互成 120°角的两个力 F_1 和 F_2 的作用，这两个力的大小都是 10 N，这个物体产生的加速度是多大？

分析　应先求出合力 $F_{合}$。合力的大小可以用作图法求出，也可以用计算求出。然后用牛顿第二定律求出加速度。

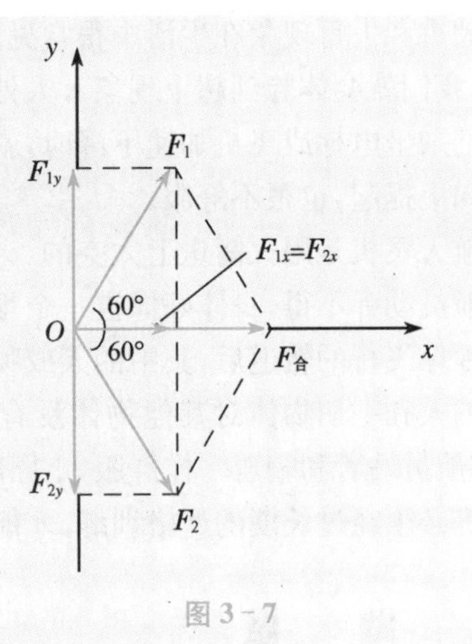

图 3－7

解　如图 3－7 所示，建立平面直角坐标系，把力 F_1 和 F_2 分别沿 x 轴和 y 轴的方向分解。F_1 的两个分力为：$F_{1x}=F_1\cos 60°$，$F_{1y}=F_1\sin 60°$。F_2 的两个分力为：$F_{2x}=F_2\cos 60°$，$F_{2y}=F_2\sin 60°$。F_{1y} 和 F_{2y} 大小相等，方向相反，互相抵消。F_{1x} 和 F_{2x} 的方向相同，它们的合力就等于力 F_1 和 F_2 的合力，即

$$F_{合}=F_{1x}+F_{2x}=F_1\cos 60°+F_2\cos 60°$$
$$=5\ \text{N}+5\ \text{N}=10\ \text{N}$$

根据牛顿第二定律 $F_{合}=ma$ 就可以求出加速度：

$$a=\frac{F_{合}}{m}=\frac{10}{2}(\text{m/s}^2)=5(\text{m/s}^2)$$

即这个物体产生的加速度是 5 m/s²。

例题 3　电梯以 0.5 m/s² 的加速度匀加速直线上升，站在电梯里的人质量是 50 kg，人对电梯地板的压力是多大？

分析　人和电梯以共同的加速度上升，因而人的加速度是已知的，题中又给出了人的质量，为了能够应用牛顿第二定律，应该把人作为研究对象。

人在电梯中受到两个力：重力 G 和地板的支持力 F。电梯地板对人的支持力和人对电梯地板的压力是一对作用力和反作用力，根据牛顿第三定律，只要求出前者就可以知道后者。

解　人在 G 和 F 的合力作用下，以 0.5 m/s² 的加速度竖直向上运动。取竖直向上为正方向，根据牛顿第二定律得

$$F-G=ma$$

由此可得　$F=G+ma=m(g+a)=50\times(9.8+0.5)(\text{N})=515(\text{N})$

根据牛顿第三定律，人对地板的压力的大小也是 515 N，方向与地板对人的支持力的方向相反，即竖直向下。

可见，当电梯加速上升的时候，人对电梯地板的压力比人实际受到的重力要大。这种现象称为**超重现象**。

同样可得出，当电梯匀加速下降的时候，人对电梯地板的压力比人受到的重力要小。这种现象称为**失重现象**。

超重和失重现象在生活中很常见。当我们乘坐电梯或飞机时，如果电梯或飞机加速上升，我们就会体验到超重现象。人处于超重状态时，人体的各个器官要承受较大的力。当我们乘坐电梯或飞机加速下降时，就会产生失重现象。人在失重状态下，会感到内脏好像被向上提起，也很不舒服。

航天飞机是用火箭送上太空的。火箭起飞时的加速度很大，会发生强烈的超重现象，使宇航员动弹不得，身体好像被一个很大的力压住似的，连举手都十分困难。航天飞机进入绕地球飞行的轨道后，其中的人或物都处于完全失重状态。在完全失重状态下，航天飞机中的人和一切物体对其他物体没有压力，他们也都失去了支持力，可以在空中自由飘浮；宇航员站着和躺着一样舒服，走路时要小心翼翼，稍不留意，就会腾空而起。因此，宇航员都必须经过长期的严格训练，才能适应强超重状态和失重状态的航行。

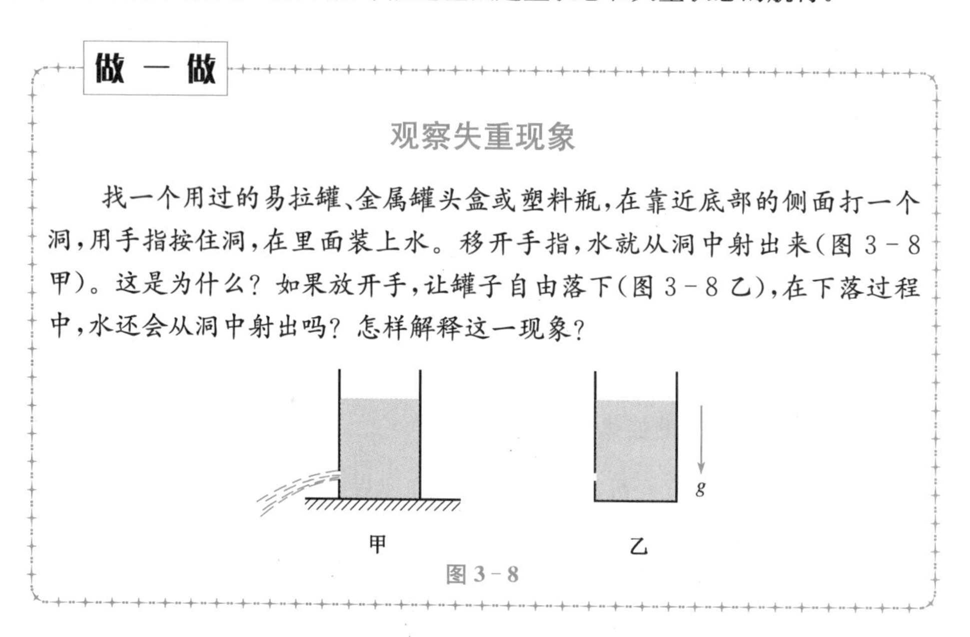

做一做

观察失重现象

找一个用过的易拉罐、金属罐头盒或塑料瓶，在靠近底部的侧面打一个洞，用手指按住洞，在里面装上水。移开手指，水就从洞中射出来(图 3－8 甲)。这是为什么？如果放开手，让罐子自由落下(图 3－8 乙)，在下落过程中，水还会从洞中射出吗？怎样解释这一现象？

图 3－8

本章小结

本章主要研究牛顿的运动三定律。

(1) 牛顿第一定律，即惯性定律：一切物体总保持匀速直线运动状态或静止状态，直到外力迫使它改变运动状态为止。

(2) 牛顿第二定律：物体的加速度跟它所受的作用力成正比，跟它的质量成反比。

用公式表示：$a=\frac{F}{m}$，F 为物体所受合力。

(3) 牛顿第三定律：两个物体之间的作用力和反作用力总是大小相等，方向相反，作用在同一条直线上。

用公式表示：$F=-F'$，F 为作用力，F' 为反作用力。

这三个定律是经典物理的基本内容，反映了物体受到的力和物体运动状态，物体之间力和力相互作用的规律。

习　题

习题 3－1

1. 关于惯性，下列说法中正确的是　　（　　）

① 只有运动物体具有惯性。

② 只有静止物体具有惯性。

③ 一切物体都具有惯性。

④ 一切物体只有改变运动状态时才有惯性。

2. 关于惯性的大小，下面说法中正确的是　　（　　）

① 两个质量相同的物体，在阻力相同的情况下，速度大的不容易停下来，所以速度大的物体惯性大。

② 两个质量相同的物体，不论速度大小，它们的惯性大小一定相同。

③ 推动地面上静止的物体，要比维持这个物体做匀速直线运动所需的力大，所以物体静止时惯性大。

④ 在月球上举重比在地球上容易，所以质量相同的物体在月球上比在地球上惯性小。

3. 地球由西向东转，为什么我们向上跳起来以后，还落到原地，而不落到原地的西边？

习题 3－2

1. 下列的说法中正确的是　　（　　）

① 物体受到的合外力越大，速度越大。

② 物体受到的合外力越大，加速度越大。

③ 物体的质量越大，加速度越大。

④ 物体的加速度越大，速度越大。

2. 甲、乙两辆实验小车，在相同的外力作用下，甲车产生的加速度是 $2\ m/s^2$，乙车产生的加速度是 $6\ m/s^2$。甲车质量是乙车质量的多少倍？

3. 一辆卡车空载时质量是 3.5×10^3 kg，满载时质量是 7.5×10^3 kg。在同样大小的力作用下，如果卡车空载时产生 $1.5\ m/s^2$ 的加速度，满载时能产生多大的加速度？

4. 一架飞机起飞时在跑道上加速滑行，已知飞机的质量是 10 t，所受的合力为 2.0×10^3 N，这架飞机的加速度有多大？

5. 质量是 1 kg 的物体受到互成 $60°$ 角的两个力作用，这两个力都是 10 N。这个物体产生的加速度是多大？

习题 3－3

1. 用牛顿第三定律判断下列说法正确的是　　（　　）

① 以卵击石，石头没有损伤而卵被击破了，是因为卵对石头的作用力小于石头对卵的作用力。

② 物体 A 静止在物体 B 上，A 的质量是 B 的质量的 2 倍，所以 A 作用于 B 的力大于 B 作用于 A 的力。

③ 甲、乙两队进行拔河比赛，甲队获胜，是因为甲对乙的拉力大于乙对甲的拉力。

2. 在水平桌面上静止的物体受到两个力的作用。这两个力的反作用力各作用在什么物体上？在这四个力中，哪两个力是作用力和反作用力？哪两个力是相互平衡的力？

习题 3－4

1. 一个原来静止的物体，质量是 2 kg，在两个大小都是 50 N 且互成 60°角的力的作用下，3 s 末物体的速度是多大？3 s 内物体发生的位移是多大？

2. 以 15 m/s 的速度行驶的无轨电车，在关闭电动机后，经过 10 s 停下来。电车的质量是 4.0×10^{3} kg。求电车所受的阻力。

3. 一个原来静止的物体，质量是 600 g，在 0.2 N 力的作用下，1 s 内发生的位移是多少？

4. 列车在机车的牵引下在平直铁轨上行驶，在 50 s 内速度由 36 km/h 增加到 54 km/h，列车的质量是 1.0×10^{3} t，机车对列车的牵引力是 1.5×10^{5} N。求列车在运动中所受的阻力。

5. 一辆质量是 2 t 的货车，在水平公路上以 54 km/h 的速度匀速行驶。司机因故障突然紧急刹车，已知刹车后货车所受的制动力为 1.2×10^{4} N，货车从刹车开始到停下来驶过的路程是多少？

第四章　曲线运动

本章导读

在自然界中，物体的运动轨迹常常不是直线而是曲线。如水平抛出的物体，运动轨迹是曲线；汽车拐弯时的运动轨迹是沿曲线的；人造地球卫星绕地球运动的轨迹接近圆，也是曲线。物体沿曲线的运动，叫作曲线运动。本章我们将研究曲线运动形成的条件和对曲线运动规律进行分析的方法，并在此基础上研究平抛运动和圆周运动的规律，最后，将学习万有引力定律。

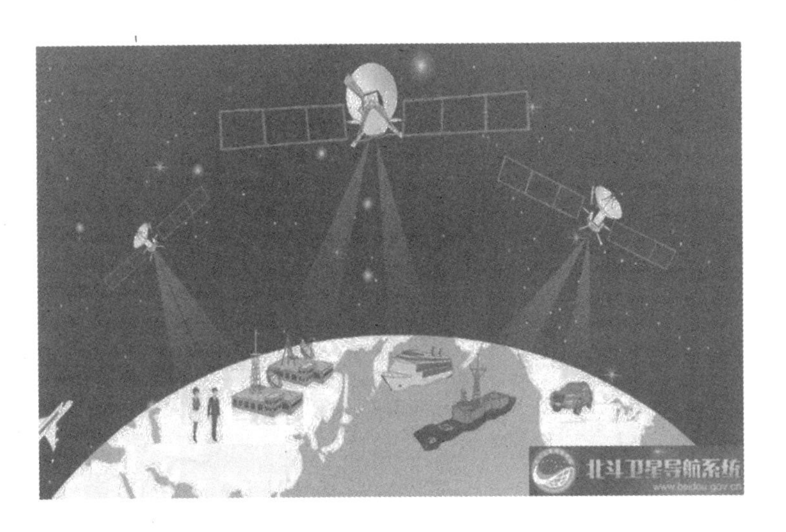

中国北斗

第一节　运动的合成与分解

一、物体做曲线运动的条件

运动员掷链球时，链球在运动员的牵引下做曲线运动，一旦运动员放手，链球就沿着圆周的切线方向飞出(图 4－1)，因此，曲线运动中速度的方向是质点在某一点(或某一时刻)的切线方向。曲线运动物体速度的方向是时刻改变的，所以曲线运动是变速运动。

物体在什么情况下才做曲线运动呢？让我们来做做下面的实验。

图 4－1　链球沿圆周的切线方向飞出

探究实验

探究曲线运动形成的条件

在桌面上放一个斜槽，让钢珠从斜槽上滚下。在运动着的钢珠前面放一条形磁铁，钢珠受到与运动方向相同的吸引力(磁力)的作用，仍按原运动方向沿直线运动(图 4－2 甲)。如果把条形磁铁放在钢珠沿直线运动的路径的侧面(图 4－2 乙)，使钢珠受到的吸引力跟速度方向不在一条直线上，就会发现：钢珠会偏离直线方向而做曲线运动。

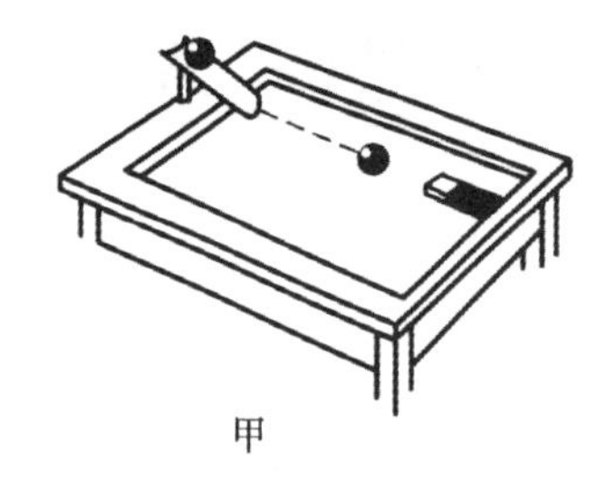

甲

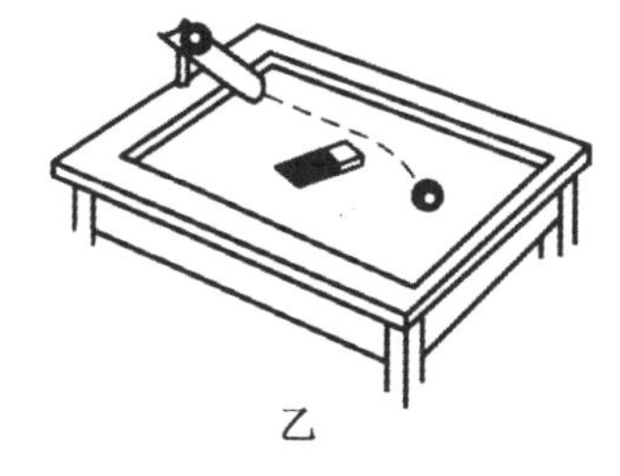

乙

图 4－2　探究曲线运动形成的条件

实验表明：当运动物体所受合力的方向跟它的速度方向不在同一直线上时，物体就做曲线运动。

向前抛出的石子，由于所受重力的方向跟速度的方向不在一条直线上，所以做曲线运动（图 4-3）。人造地球卫星绕地球运行，由于所受地球引力的方向跟速度的方向不在一条直线上，所以卫星做曲线运动（图 4-4）。

图 4-3　抛出的石子做曲线运动

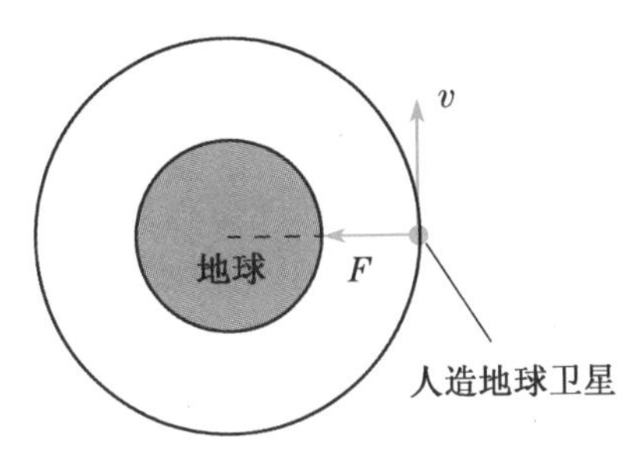

图 4-4　人造地球卫星做曲线运动

二、合运动与分运动

实际上，当钢珠所受吸引力与原速度方向不在一条直线上，一方面，由于惯性，钢珠在原速度方向要做匀速直线运动；另一方面，由于磁铁的吸引，钢珠在吸引力的方向上也同时要做匀变速直线运动。因此，钢珠的实际运动是钢珠同时在这两个方向所做直线运动的合成，我们把这个实际的运动叫作合运动，钢珠在这两个方向的直线运动叫作分运动。

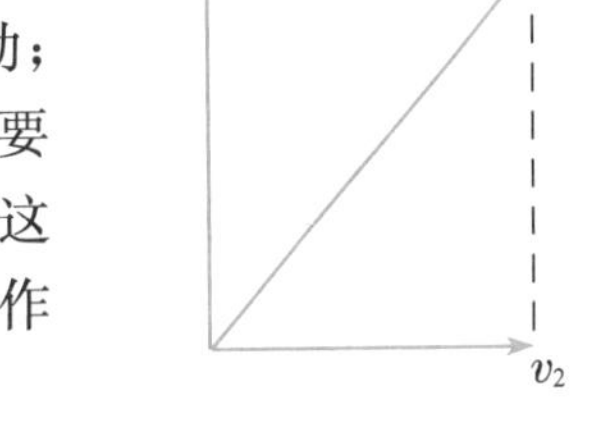

图 4-5　速度按照平行四边形定则合成和分解

合运动和分运动是同时发生的，所用的时间 t 相同。合速度 v 是两个分速度 v_1 和 v_2 的矢量合成，遵循平行四边形定则（图 4-5）。

例题　飞机以 300 km/h 的速度斜向上飞行，方向与水平方向成 30°角。求水平方向的分速度 v_x 和竖直方向的分速度 v_y（图 4-6）。

分析　飞机斜向上飞行的运动可以看作它在水平方向和竖直方向的两个分运动的合运动。把 $v=300$ km/h 分解，就可以求得分速度。

解　$v_x=v\cos 30°=260(\text{km/h})$

$v_y=v\sin 30°=150(\text{km/h})$

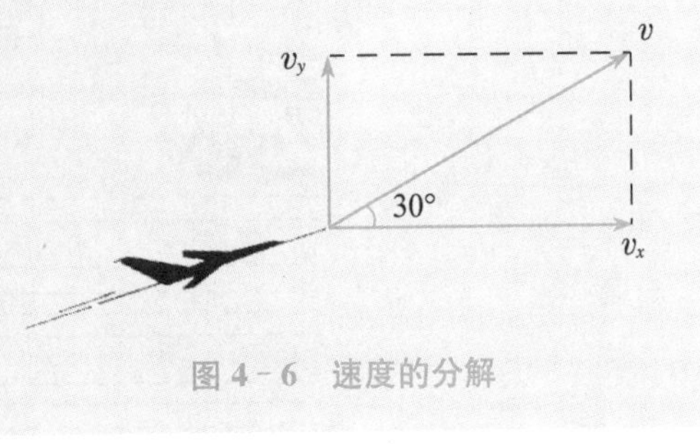

图 4-6　速度的分解

两个直线运动的合运动可以是曲线运动。反过来，一个曲线运动也可以分解为两个方向上的直线运动。分别研究这两个方向上的受力情况和运动情况，弄清作为分运动的直线运动的规律，就可以知道作为合运动的曲线运动的规律。下一节，我们将用这种办法研究平抛运动。

第二节　平抛运动

一、平抛物体的运动

将物体用一定的初速度沿水平方向抛出去，物体所做的运动叫平抛运动。例如，击打一个桌面上的小球，使它有一个水平的初速度离开桌面，小球离开桌面后所做的曲线运动就是平抛运动(图 4－7)。

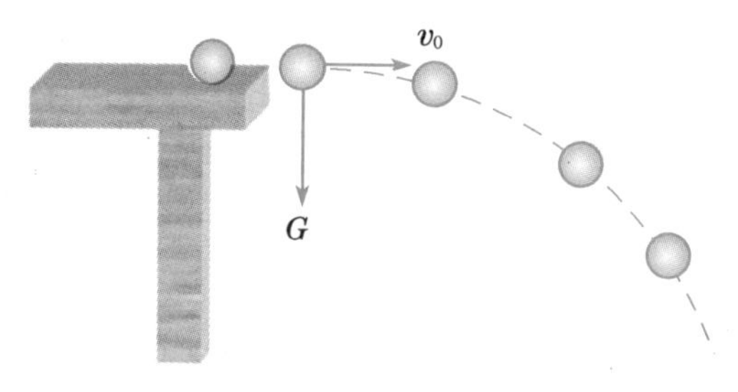

图 4－7　平抛运动

探究实验

探究平抛运动

实验装置如图 4－8 所示，A、B 是两个同样的小球。弹片 C 将 B 球夹住，如果用小锤沿图中箭头方向打击弹簧片，弹簧片会把 A 球推出，同时放开 B 球，任其自由下落。于是两个小球同时从同一高度开始运动，A 球做平抛运动，B 球做自由落体运动。

然后用较大的力打击弹簧片，再观察两球运动的情况。

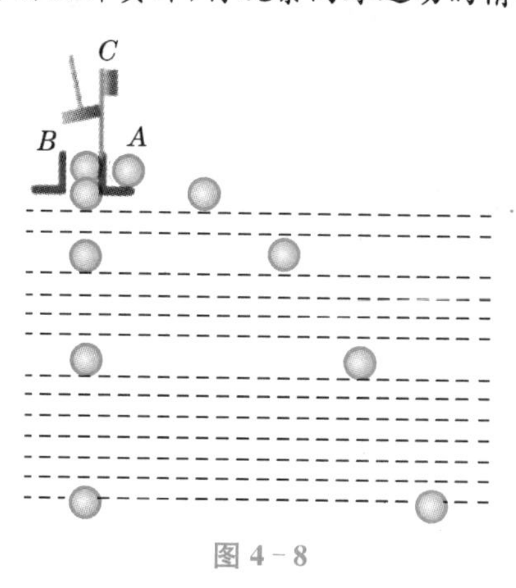

图 4－8

实验表明：打击弹簧片的力越大，A 球的水平初速度越大，它落地前飞出的水平距离越远。但无论 A 球水平初速度的大小如何，它总是与 B 球同时落地。

这表明，平抛运动在竖直方向是自由落体运动，水平方向速度的大小并不影响平抛物体在竖直方向上的运动。

将上述实验中两个小球的运动情况用频闪照相机拍摄下来，可以清楚地看出它们的运动规律，从图4－9所示的照片中可以看出，在相等的时间里，它们下落的竖直距离相等。这表明，两球在竖直方向的运动相同，即 A 球和 B 球一样，在竖直方向做自由落体运动。

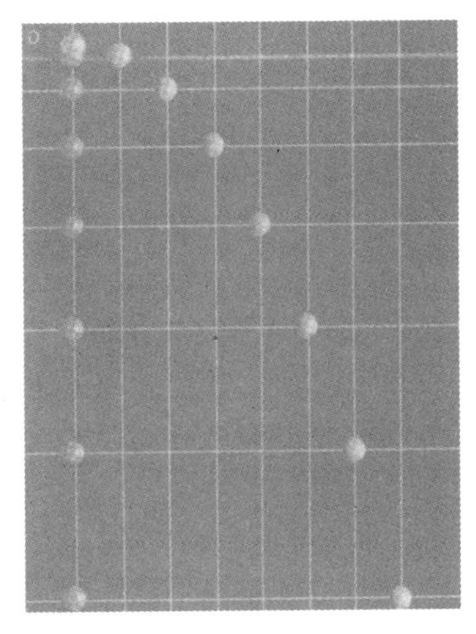

图4－9　平抛运动和自由落体运动的频闪照片

从照片上还可以看出，在相等的时间间隔里小球通过的水平距离是相等的。这表明，它在水平方向的运动是匀速直线运动。这说明，做平抛运动的物体在竖直方向的运动对其水平方向的运动没有影响。

因此，平抛运动可以从水平和竖直两个方向的运动情况来研究。这就是说，可以把平抛运动看作水平方向的匀速直线运动和竖直方向的自由落体运动的合运动。

二、平抛运动的规律

下面我们来求物体在任意时刻 t 的位置坐标。取水平方向为 x 轴，正方向与水平速度方向相同；竖直方向为 y 轴，正方向与重力方向相同，竖直向下。取抛出点为坐标原点。

抛体的轨迹

物体在 t 时刻的位置坐标 x、y 可以由下面的公式求出：

$$x=v_0t$$

$$y=\frac{1}{2}gt^2$$

如果知道物体的抛出点的高度和水平初速度，就可以知道它在空中飞行的轨迹和飞行时间。

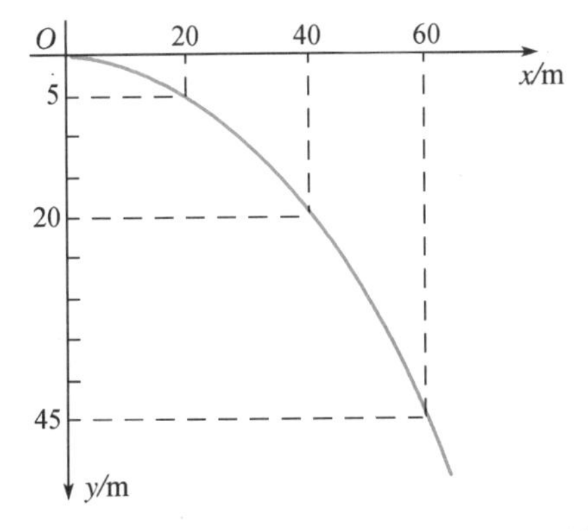

图4－10　平抛物体运动的轨迹（$g=10\ m/s^2$）

平抛运动的飞行时间只跟抛出点的高度有关，而跟水平初速度无关。

$$t=\sqrt{\frac{2h}{g}}$$

例题 在一次摩托车跨越壕沟的表演中，摩托车从壕沟的一侧以速度$v=40\ \mathrm{m/s}$沿水平方向向另一侧冲去，壕沟两侧的高度及宽度如图4-11所示，摩托车可看作质点，不计空气阻力，计算说明摩托车能否跨越壕沟？

分析 能否跨越壕沟，要看摩托车的水平位移是否大于20米，如果能，就可以跨越。通过摩托车下落的高度可算出摩托车的飞行时间，进而算出它在水平方向的位移。

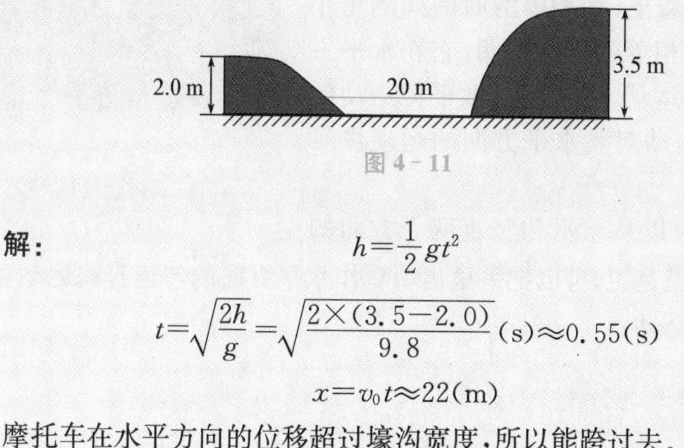

图4-11

解：

$$h=\frac{1}{2}gt^2$$

$$t=\sqrt{\frac{2h}{g}}=\sqrt{\frac{2\times(3.5-2.0)}{9.8}}(\mathrm{s})\approx0.55(\mathrm{s})$$

$$x=v_0t\approx22(\mathrm{m})$$

摩托车在水平方向的位移超过壕沟宽度，所以能跨过去。

第三节　匀速圆周运动

物体沿圆周运动也是常见的曲线运动。有固定圆心(或转动轴)的物体上的各质点的旋转都在做圆周运动。如钟表指针，旋转的电风扇(图4-12)等，它们的运动轨迹都是圆，都在做圆周运动。

图4-12　圆周运动

在圆周运动中，最简单的是匀速圆周运动。质点如果在相等的时间里通过的圆弧长度相等。这种运动就叫作匀速圆周运动。例如，匀速转动的电风扇扇叶上每个质点的运动，都是匀速圆周运动。行星绕太阳公转的轨道是椭圆也可近似认为行星以太阳为圆心做匀速圆周运动。

怎样描述匀速圆周运动的快慢呢？

一、线速度

做匀速圆周运动的物体通过的弧长，与所用的时间 t 成正比，这个比值的大小能够表示匀速圆周运动的快慢，叫作匀速圆周运动的线速度，用 v 表示，即

$$v=\frac{s}{t}$$

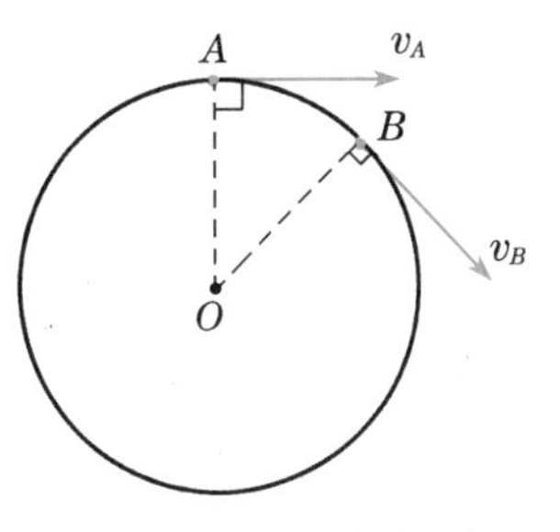

图 4－13　线速度的方向

线速度是物体做匀速圆周运动的瞬时速度。线速度也是矢量，方向就在圆周上该点的切线方向上(图 4－13)。在匀速圆周运动中，物体在各个时刻的线速度的大小都相同，而线速度的方向在不断变化，因此，匀速圆周运动是一种变速运动。这里的“匀速”是指速率不变的意思。

二、角速度

圆周运动的快慢也可以用物体沿圆周转过的圆心角 ϕ 跟时间 t 的比值来描述(图 4－14)，这个比值叫作匀速圆周运动的角速度。用 ω 表示角速度，即

$$\omega=\frac{\phi}{t}$$

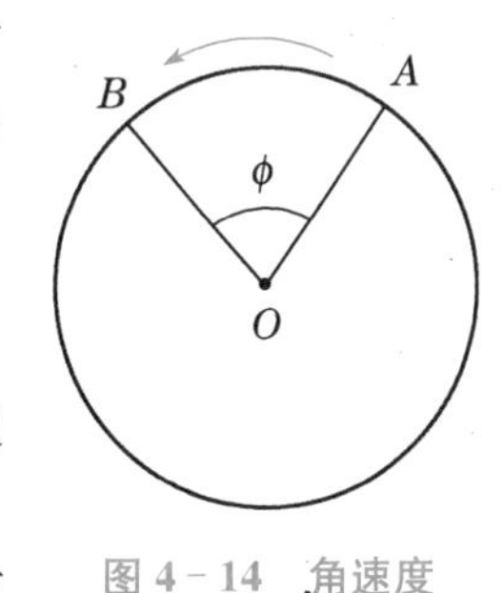

图 4－14　角速度

在国际单位制中，角度的单位是弧度，时间的单位是秒，角速度的单位是弧度每秒，符号是 rad/s。

线速度、角速度和周期这三个物理量之间有什么关系呢？物体做半径为 r 的匀速圆周运动一周所用的时间(周期)为 T，通过的弧长为 $2\pi r$，则它的线速度：

$$v=\frac{2\pi r}{T} \tag{1}$$

物体沿圆周运动一周所转过的圆心角为 2π，它的角速度：

$$\omega=\frac{2\pi}{T} \tag{2}$$

由上面两个公式，可以得到线速度和角速度之间的关系：

$$v=r\omega \tag{3}$$

三、周期和频率

匀速圆周运动是一种周期性的运动。做匀速圆周运动的物体运动一周所用的时间叫作周期。周期用符号 T 表示，周期的单位为秒，符号是 s。

周期是描述匀速圆周运动快慢的物理量，周期长说明物体运动得慢，周期短说明物体运动得快。

周期的倒数叫作频率，用符号 f 表示，$f=\frac{1}{T}$。频率的单位为赫兹，符号是 Hz。频率高说明物体运动得快，频率低说明物体运动得慢。

实际中也常用转速来描述匀速圆周运动的快慢。所谓转速，是指每秒转过的圈数，常用符号 n 来表示。转速的单位为转每秒，符号是 r/s.

四、向心力

思考与讨论

如图 4-15，光滑桌面上一个小球由于细线的牵引，绕桌面上的图钉做匀速圆周运动。小球受到几个力的作用？这几个力的合力沿什么方向？

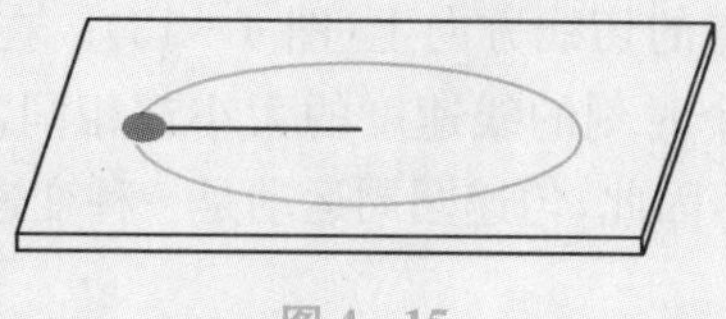

图 4-15

分析小球所受合力，即绳子拉力方向的变化，可得出结论：物体做匀速圆周运动一定是物体受到了指向圆心的合力，这个力的方向总是沿着半径指向圆心，所以叫作向心力。

根据推导，其大小表达式为

$$F=m\frac{v^2}{r} \quad 或 \quad F=m\omega^2 r$$

向心力指向圆心，而物体运动的方向沿切线方向，所以向心力的方向总与物体运动的方向垂直。物体在运动方向上不受力，速度大小不会改变，所以向心力的作用只是改变速度的方向。

向心力是物体所受的合力提供的。例如，汽车转弯时的向心力是车轮与地面间的静摩擦力；而火车拐弯处的路面与直道是不一样的，外轨比内轨高，向内倾斜，这样，路基对于车厢的支持力 F_N 就是垂直于路面向里倾斜的，支持力 F_N 和车厢的重力 G(方向竖直向下)的合力 F 沿水平方向指向弧形轨道的圆心，这个力为火车转弯提供了向心力，从而使火车顺利地通过弯道。骑自行车、摩托车比赛时，人和车总是向弯道内侧倾斜，也是为了使人和车所受的重力和地面的支持力不在一条直线上，从而得到指向弯道内侧的合力。

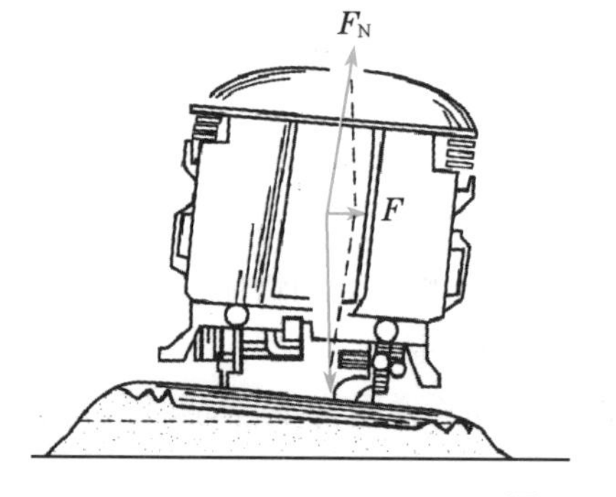

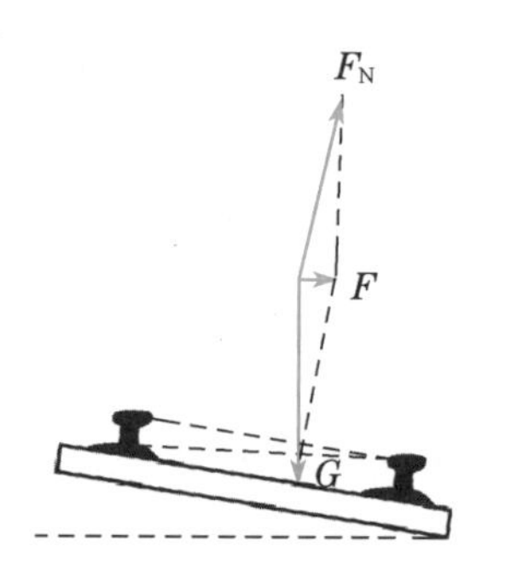

图 4-16

离心运动

做匀速圆周运动的物体，由于本身有惯性，总有沿着圆周切线方向飞出去的趋势。但它没有飞出去，只是因为向心力在拉着它，使它与圆心的距离保持不变。一旦向心力突然消失，物体就沿切线飞出去，这也是牛顿第一定律的必然结果。如果合力 F 不足以提供物体做圆周运动所需的向心力（$F=mr\omega^2$）时，物体也会逐渐远离圆心。这时物体虽然不会沿切线方向飞出去，但合力不足以把它拉到圆周上来，物体就会沿着切线和圆周之间的某条曲线运动，离圆心越来越远。

做匀速圆周运动的物体，在所受合力突然消失或者不足以提供圆周运动所需的向心力的情况下，就做逐渐远离圆心的运动。这种运动叫作离心运动。

离心运动有很多应用，家用洗衣机的脱水筒是一个多孔筒（图 4－17），把洗净的湿衣服放入筒内，脱水筒转得比较慢时，水滴跟衣物的附着力足以提供所需的向心力，使水滴做圆周运动。当筒高速旋转时，附着力不足以提供所需的向心力，于是水滴做离心运动，离开衣服，穿过脱水筒壁的小孔飞出筒外。

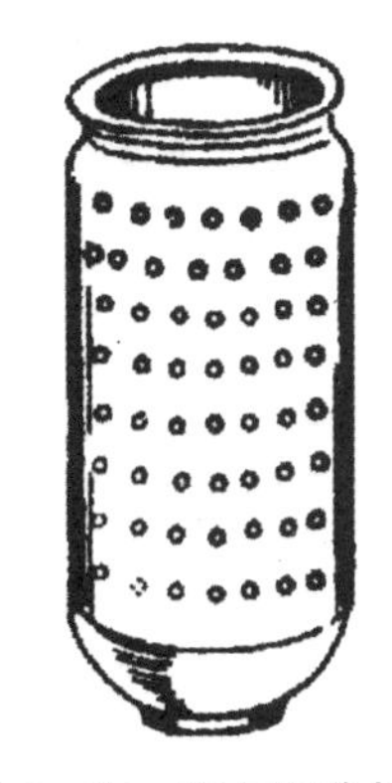

图 4－17　洗衣机脱水筒

与此类似，人们利用离心运动的原理制成的机械，称为离心机械。例如离心分液器、离心式水泵、离心球磨机等都是利用离心运动的原理。我们在一个盛有清水的圆筒形容器（转鼓）中，倒入一组同样大小的钢球和木球，起动马达使其绕轴高速旋转。可以看到，由于离心运动，钢球很快被甩到最外层，而木球则被推向转轴，清水则占据了“中间地带”。可见，一旦转鼓高速转动起来，无论是固体还是液体，都无一例外地严格遵守其“法规”——按密度分层排列。密度小者聚集在中央（即转轴）附近，密度大者则分散在转鼓壁附近。这种现象叫作离心沉降。如果在转鼓上开满小孔，则其中的液体就会通过小孔飞出，而固体颗粒则停留在转鼓壁面上从而达到脱水的目的，这种现象就是过滤。

我们喝的啤酒看起来清澈透亮，与离心分离技术密切相关。在麦汁中含有一种极不稳定的冷凝固物，应尽量减少其含量才能保证成品啤酒不致出现冷混浊现象。然而这种冷凝固物的粒子极为微小，直径仅有 0.1～0.5 微米，很难除净，但若采用高速离心机进行分离处理，就比较容易实现净化。因为这种粒子微小，与液相之间存在密度差，一旦进入强大的离心机后，二者立即分离，从而很容易把冷凝固粒子剔除。此外，从葵花籽中提取植物油，首先必须把葵花籽剥壳，也同样可以使用离心机。医学上，在血红蛋白的开发中，由于血细胞和血浆密度接近（前者密度为 1.09 g/cm^3，后者密度为 1.024 g/cm^3），很难分开。若使用专用的离心机，当转速提高到 6 000 r/min 时，血浆就会集中于转轴附近，再用导管引出分离。

当然离心运动也有弊处，应设法防止。例如砂轮的转速若超过规定的最大转速，砂轮的各部分将因离心运动而破碎;火车转弯时,若速度太大会因倾斜的路面和铁轨提供给它的向心力不足以维持它做圆周运动,发生离心运动而造成出轨事故。

第四节　万有引力定律

在浩瀚的宇宙中有着无数星体,如月亮、地球、太阳、夜空中闪烁的星星……这些大小不一、形态各异的星体统称为天体。由这些无数天体组成的广袤无垠的宇宙始终是人类渴望了解又不断探索的领域。在三千多年前我国就根据对天体运动的观测制定了相当严密的历法。其他文明古国,例如埃及、印度、巴比伦、希腊等,也在古代就开始了对天体运动的研究。

17 世纪,天文学家第谷经过 20 年的天文观测,积累了大量精确的资料。他的弟子开普勒对这些资料进行了数年的潜心计算与研究,得出所有行星围绕太阳的运动轨迹都是椭圆,发表了著名的开普勒三大定律,揭示了行星的运动规律。但是行星为什么沿着一定轨道绕太阳做有规律的运动呢?是什么力量在支配着行星的运动呢?

开普勒认为,行星绕太阳运动,一定是受到了来自太阳的类似于磁力的作用;法国物理学家笛卡尔认为行星的运动是因为在行星的周围有旋转的物质作用在行星上,使得行星围绕太阳运动;牛顿同时代的一些科学家认为,行星绕太阳运动,必然是受到了向心力的作用,这个向心力是来自太阳的引力。

牛顿认为:月球绕地球运动的向心力是地球对月球的引力,地面上的物体会落向地面,是地球对它吸引的结果。经过计算,他发现这两种吸引力在性质上是一样的。因此,他认为行星之所以围绕太阳运动,也是受到了太阳对行星的引力,天体之间普遍存在着相互吸引的力。牛顿还进一步把这个规律推广到自然界中任意两个物体之间,于 1687 年正式发表了万有引力定律:

自然界中任何两个物体都是相互吸引的,引力的大小跟这两个物体的质量的乘积成正比,跟它们的距离的二次方成反比。

如果用 m_1 和 m_2 表示两个物体的质量,用 r 表示它们的距离,万有引力定律可以用下面的公式来表示:

$$F=G\frac{m_1m_2}{r^2}$$

式中质量的单位用 kg,距离的单位用 m,力的单位用 N。G 为常量,叫作引力常量。

引力常量的测定　牛顿虽然发现了万有引力定律,却没能给出准确的引力常量。这是因为一般物体间的引力非常小,很难用实验的方法将它显示出来。直到万有引力定律发表 100 多年之后,英国物理学家卡文迪许设计了一个扭秤(图 4-18),通过它测出了引力常量 G 的大小:

$$G=6.67\times10^{-11}\ \text{N}\cdot\text{m}^2/\text{kg}^2$$

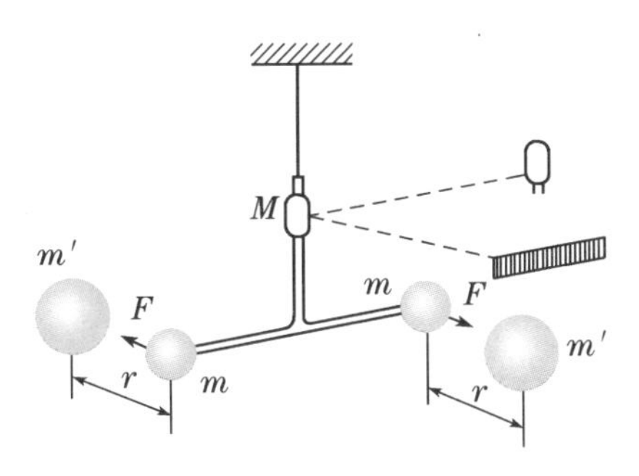

图 4-18　卡文迪许扭秤实验

即两个质量为 1 kg 的球，相距 1 m 远时，相互间的引力只有 6.67×10^{-11} N。这个引力人们通常察觉不出来，因此，通常地球上物体间的万有引力都可以忽略不计。

例题　地球为何能绕太阳运动？这个力有多大？

分析　地球绕太阳运动，是受到了太阳对它的吸引力。太阳的质量是 2×10^{30} kg，地球的质量是 6×10^{24} kg，太阳和地球之间的距离是 1.5×10^{11} m，根据万有引力定律有

$$F=G\frac{m_1m_2}{r^2}=6.67\times10^{-11}\times\frac{2\times10^{30}\times6\times10^{24}}{(1.5\times10^{11})^2}(\mathrm{N})=3.56\times10^{22}(\mathrm{N})$$

太阳和地球之间这么大的吸引力如果作用在直径是 9 000 km 的钢柱上，可以把它拉断！正是由于太阳对地球有这样大的引力，地球才得以围绕太阳转动而不离去。

万有引力定律的发现是 17 世纪自然科学最伟大的成果之一，它把地面上物体的运动规律和天体运动的规律统一起来，揭示了自然界中一种基本的相互作用的规律，这对物理学和天文学的发展产生了深远的影响。

第五节　宇宙速度　人造地球卫星

牛顿设想，从高山上用不同的水平速度抛出物体，速度一次比一次大，落地点就一次比一次远。如果没有空气阻力，当速度足够大时，物体会怎样呢？

牛顿认为，物体将永远不会落到地面上来，而是围绕地球旋转（图 4-19）。如果在高处沿水平方向以足够大的速度抛出一个物体，地球对它的引力等于它做圆周运动的向心力时，它就能够不停地做圆周运动而不落到地面上，这时的物体就成了地球的人造卫星了。

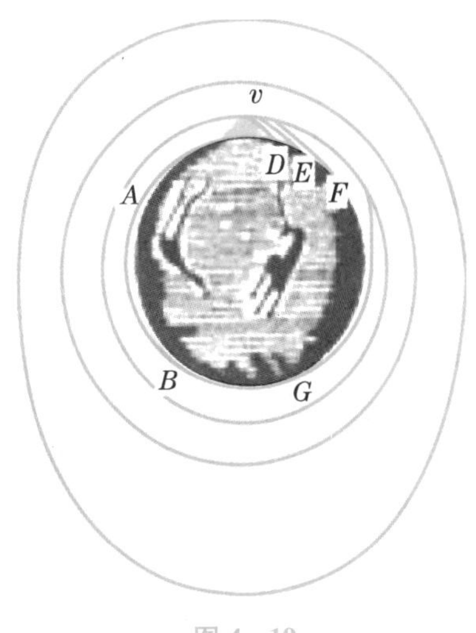

图 4-19

一、宇宙速度

人造卫星围绕地球转动时的速度究竟有多大呢？

设地球和卫星的质量分别为 m' 和 m，卫星到地心的距离为 r，卫星运动的速度为 v。由于卫星运动所需的向心力是由万有引力提供的，所以

$$\frac{Gm'm}{r^2}=\frac{mv^2}{r}$$

由此解出

$$v=\sqrt{\frac{Gm'}{r}} \tag{1}$$

对于靠近地面运行的人造卫星，可以认为此时的 r 近似等于地球的半径 R，在(1)式中把 r 用地球半径 R 代入，可以求出

$$\begin{aligned} v_1 &=\sqrt{\frac{Gm'}{r}} \\ &=\sqrt{\frac{6.67\times10^{-11}\times5.98\times10^{24}}{6.37\times10^{6}}}\ (\mathrm{m/s}) \\ &=7.9(\mathrm{km/s}) \end{aligned}$$

这就是人造卫星在地面附近绕地球做匀速圆周运动所必须具有的速度，叫作第一宇宙速度。

如果人造卫星进入地面附近的轨道速度大于7.9 km/s，而小于11.2 km/s，它绕地球运动的轨迹就不是圆形，而是椭圆(图 4－20)。当物体的速度等于或大于11.2 km/s时，就会脱离地球的引力，不再绕地球运行。我们把这个速度叫作第二宇宙速度。

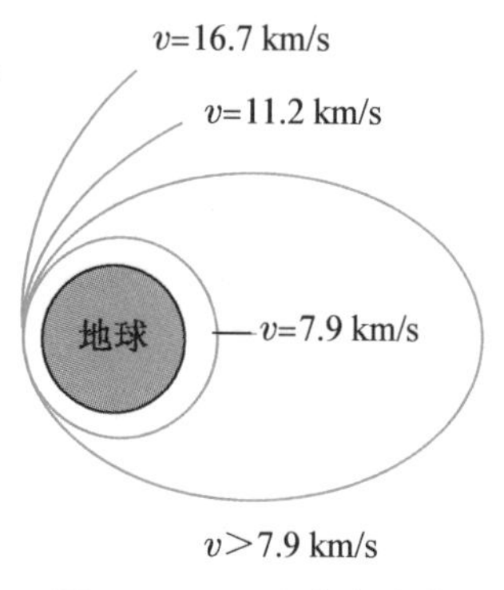

图 4－20　三个宇宙速度

达到第二宇宙速度的物体还受到太阳的引力。要想使物体挣脱太阳引力的束缚，飞到太阳系以外的宇宙空间去，必须使它的速度等于或大于16.7 km/s，这个速度叫作第三宇宙速度。

二、人造地球卫星

人造地球卫星种类很多，如通信卫星、气象卫星、测地卫星、导航卫星、科学试验卫星、军事侦察卫星等。现在这些卫星被广泛用于广播电视通信、矿产资源调查、大地测量、气象预报、水情测报、农作物估产、病虫害监测、环境监测、导航、侦察以及其他科学研究等方面。

用于全球通信和转播电视的卫星，通常发射到一个特殊的轨道上去。在这个轨道上，卫星运行的周期跟地球的自转周期相同，因此从地面上观察，这种卫星好像是高悬在天空静止不动的。这种卫星叫作地球的同步卫星，它的轨道高度约为36 000 km。如果在赤道上空等间隔地分布三颗同步卫星，就可实现全球通信，世界各地的电视、电话网络皆可联网，通过卫星中继站转播。

阅读材料

人类航天技术的发展

1961 年 4 月，苏联宇航员加加林环绕地球飞行一周，实现了世界上首次载人航天飞行。1969 年 7 月美国“阿波罗 11 号”，穿越 38 万千米遥远太空，到达了月球，宇航员阿姆斯特朗成为第一个登上月球的人。这一切，展现了人类航天技术的飞速发展和在空间科学上取得的巨大成就。为了研究人员能驻留在宇宙空间进行科学研究，人类已经发射围绕地球运行的空间站，把装有复杂的精密仪器送到宇宙空间中去，进行开发宇宙空间的科学研究。1981 年 4 月 12 日，“哥伦比亚号”航天飞机首次载人飞行试验获得成功，使航天技术的发展进入了一个崭新的阶段。航天飞机是载人飞船技术、运载火箭技术和航空技术综合发展的产物，可以进行科学实验、科学考察，还可以在空间发射和回收卫星，并能返回地面，多次重复使用。

此外，人类向太空还发射了航天飞行器。美国 1962 年发射“水手 2 号”探测器，对金星进行了观测之后，又相继完成了对水星、土星、火星等太阳系内行星的探测，“探险者”号探测器于 1997 年 7 月 4 日在火星表面着陆。现在，人类仍在不断发明各种探测器，带着对地外文明的问候，驶向浩瀚的宇宙。

我国于 1956 年开始建立专门的航天研究机构，1964 年 6 月，运载火箭自行研究成功；1970 年 4 月 24 日，成功地发射了第一颗人造地球卫星，是世界掌握卫星技术的少数国家之一。我国的卫星发射技术令人瞩目。至今，已经成功地发射了探测卫星、通信卫星、返回式科学实验卫星、气象卫星、资源勘察卫星等不同的人造地球卫星。我国在卫星回收、卫星测控、一箭多星、高能低温燃料火箭等方面的技术，已跃居世界先进水平。

2003 年 10 月 15 日，中国在酒泉卫星发射中心进行首次载人航天发射。9 时整，“长征”二号 F 型火箭点火升空，10 月 16 日晨 6 时，乘坐“神舟”五号飞船在太空遨游 21 小时的中国航天员杨利伟，披着巡天万里的征尘，准备在内蒙古中部四子王旗境内阿木古朗草原主着陆场着陆。6 时 36 分，搜救直升机发现落在草丛中的飞船返回舱，6 时 45 分，杨利伟从返回舱中探头出来，向迎接他回家的人们挥手致意。

2005 年 10 月 12 日上午 9 点整，中国“神舟”六号在酒泉航天中心点火升空，开始了为期 5 天的太空之行。2005 年 10 月 17 日，“神舟”六号载人飞船圆满完成了飞行任务顺利返回，为中国航天事业续写了新的辉煌。

2004 年，中国正式开展月球探测工程，并命名为“嫦娥工程”。嫦娥工程分为“无人月球探测”“载人登月”和“建立月球基地”三个阶段。2007 年 10 月 24 日 18 时 05 分，“嫦娥一号”成功发射升空，在圆满完成各项使命后，于 2009 年按预定计划受控撞月。2010 年 10 月 1 日 18 时 57 分 59 秒“嫦娥二号”顺利发射，也已圆满并超额完成各项既定任务。2012 年 9 月 19 日，月球探测工程首席科学家欧阳自远表示，探月工程已经完成嫦娥三号卫星和玉兔号月球车的月面勘测任务。嫦娥四号是嫦娥三号的备份星。嫦娥五号主要科学目标包括对着陆区的现场调查和分析，以及月球样品返回地球以后的分析与研究。

中国人的探月工程,为人类和平使用月球做出了新的贡献。

黑 洞

近代引力理论所预言的一种特殊的天体——黑洞,可利用前面学过的知识加以说明。理论计算表明,人造卫星脱离地球的速度等于其第一宇宙速度的$\sqrt{2}$倍,即 $v=\sqrt{\frac{2Gm'}{r}}$。由此可知,天体的质量越大,半径越小,其表面的物体就越不容易脱离它的束缚。质量与太阳相近,而半径与地球差不多的白矮星,其脱离速度为 6.5×10^3 km/s;质量与太阳相近,半径只有 10 km 左右的中子星,其脱离速度竟达 1.6×10^5 km/s。

设想,如果某天体的质量非常大、半径非常小,则其脱离速度有可能超过光速($c=3\times10^5$ km/s),即 $v=\sqrt{\frac{2Gm'}{r}}>c$。爱因斯坦相对论指出,任何物体的速度都不可能超过光速。由此可推断,对这种天体来说,任何物体都不能脱离它的束缚,甚至连光也不能射出。这种天体就是我们常听到的黑洞。

黑洞是否确实存在不仅对理论物理非常重要,对天体物理、宇宙学等都非常重要。于 1990 年发射升空的哈勃太空望远镜几年来的观测结果支持了黑洞理论。1997 年 2 月更换过设备的哈勃望远镜已发回许多更清晰、详细的观测资料,供科学家研究。

实验四 研究平抛物体的运动

【实验目的】

(1) 用实验方法描出平抛物体运动的轨迹。

(2) 学会根据平抛物体运动的轨迹图求平抛物体的初速度。

【实验原理】

平抛物体的运动可以看作两个分运动的合运动:一是水平方向的匀速直线运动,另一个是竖直方向的自由落体运动。

让小球做平抛运动,利用描迹法描出小球的运动轨迹,即小球做平抛运动的曲线,建立坐标系,测出曲线上某一点的坐标 x 和 y,依据重力加速度 g 的数值,利用公式 $y=\frac{1}{2}gt^2$ 求出小球的飞行时间 t,再利用公式 $x=v_0t$ 求出小球的水平分速度,即小球做平抛运动的

初速度 v_0。

【实验器材】

木板、坐标纸(或白纸)、铅笔、刻度尺、斜槽、小球。

【实验步骤】

(1) 安装调整斜槽:用图钉把坐标纸(或白纸)钉在竖直的木板上,在木板的斜上角固定斜槽,可用平衡法调整斜槽,即小球轻放在斜槽平直部分,能使小球在平直轨道上的任意位置静止,就表明水平已调好。

(2) 调整木板:用悬挂在槽口上的重锤线把木板上坐标纸的竖线调到竖直方向,并使木板平面与小球下落的竖直面平行(若用白纸就把重锤线方向记录到钉在木板的白纸上),固定木板,使在重复实验的过程中,木板与斜槽的相对位置保持不变。

(3) 确定坐标原点 O:把小球放在槽口处,用铅笔记下球在槽口时球心在板上的水平投影点 O,O 点即坐标原点。

(4) 描绘运动轨迹:实验时使小球由斜槽的某一固定位置自由滑下,并由 O 开始做平抛运动。先用眼睛粗略地确定做平抛运动的小球在某一 x 值处(如 $x=1$ cm)的 y 值。然后使小球从开始时的位置滚下,在粗略确定位置附近,用铅笔准确地确定小球通过的位置,并在坐标纸(或白纸)上记下这一点。依次改变 x 值,用同样的方法确定其他各点的位置。做这个实验时应使小球每次从槽上滚下时开始的位置都相同。

取下坐标纸(或白纸),根据记下的系列位置,用平滑的曲线画出小球做平抛运动的轨迹。如图 4-21 所示。

(5) 计算初速度:以 O 为原点画出竖直向下的 y 轴和水平向右的 x 轴,并在曲线上选取 3 个以上的不同的点,测出它们的横坐标 x 和纵坐标 y,利用公式 $y=\frac{1}{2}gt^2$ 和 $x=v_0t$ 求出小球做平抛运动的初速度 v_0。最后算出 v_0 的平均值。

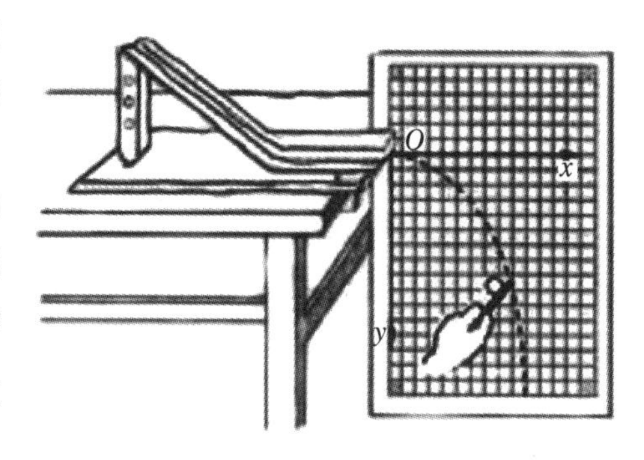

图 4-21　研究平抛物体的运动

本章小结

本章研究曲线运动,包括平抛运动、圆周运动以及万有引力定律。

曲线运动形成的条件:运动物体所受合力的方向跟它的速度方向不在同一直线上。

合运动与分运动:一个物体如果同时在两个方向做直线运动,它的实际的运动叫作合运动,物体在这两个方向的直线运动叫作分运动。

平抛运动:可以看作水平方向的匀速直线运动和竖直方向上的自由落体运动。

$$x=v_0t,\quad y=\frac{1}{2}gt^2$$

匀速圆周运动的规律主要是:

$$v=\frac{2\pi r}{T},\omega=\frac{2\pi}{T},f=\frac{1}{T}$$

式中:v 为线速度,ω 为角速度,f 为频率,T 为周期。

向心力:物体做匀速圆周运动所受到的沿着半径指向圆心的合力。

大小:

$$F=m\frac{v^2}{r}\quad \text{或}\ F=m\omega^2 r$$

万有引力定律:自然界中任何两个物体都是相互吸引的,引力的大小跟这两个物体的质量的乘积成正比,跟它们的距离的二次方成反比。

用公式来表示:

$$F=G\frac{m_1m_2}{r^2}$$

式中:m_1、m_2 表示两个物体的质量,r 表示它们的距离。

第一宇宙速度:人造卫星在地面附近绕地球做匀速圆周运动所必须具有的速度,大小为 7.9 km/s。

第二宇宙速度:当物体的速度等于或大于 11.2 km/s 时,就会脱离地球的引力,不再绕地球运行,这个速度叫作第二宇宙速度。

第三宇宙速度:物体挣脱太阳引力的束缚,飞到太阳系以外的宇宙空间去,必须使它的速度等于或大于 16.7 km/s,这个速度叫作第三宇宙速度。

习　题

习题 4-1

1. 关于质点做曲线运动,下列说法中不正确的是 (　　)

A. 曲线运动是一种变速运动

B. 变速运动一定是曲线运动

C. 质点做曲线运动,运动速率不一定发生变化

D. 质点做曲线运动,运动的加速度可能不变

2. 炮筒与水平方向成 30°角,炮弹从炮口射出时的速度是 800 m/s。这个速度在水平方向和竖直方向的分速度各是多大? 画出速度分解的图示。

3. 降落伞在下落一定时间后的运动是匀速的。无风时某跳伞员竖直下落,着地时的速度是 4 m/s,现在风使他以 3 m/s 的速度沿水平方向向东运动,他将以多大的速度着地? 画出速度合成的图示。

习题 4-2

1. 下面各题都不考虑空气阻力,下面的说法中正确的是 (　　)

A. 从同一高度，以大小不同的速度同时水平抛出两个物体，它们一定同时着地，但抛出的水平距离一定不同

B. 从不同高度，以相同的速度同时水平抛出两个物体，它们一定不能同时着地，抛出的水平距离也一定不同

C. 从不同高度，以不同的速度同时水平抛出两个物体，它们一定不能同时着地，抛出的水平距离也一定不同

2. 从 1.6 m 高的地方用玩具手枪水平射出一颗子弹，初速度是 35 m/s。求这颗子弹飞行的水平距离。

3. 一个小球从 19.6 m 的高台水平抛出，落到地面的位置与桌面边缘的水平距离为 9.6 m，小球离开桌面边缘时的初速度是多大？

习题 4－3

1. 手表上时针的周期是________ s，角速度是________ rad/s；分针的周期是________ s，角速度是________ rad/s。

2. 对于做匀速圆周运动的物体，下面说法中正确的是　（　　）

A. 线速度不变　　B. 线速度的大小不变

C. 角速度不变　　D. 周期不变

3. 物体以角速度 ω 做匀速圆周运动，下列说法中正确的是　（　　）

A. 轨道半径越大，周期越大　　B. 轨道半径越大，周期越小

C. 轨道半径越大，线速度越小　　D. 轨道半径越大，线速度越大

4. 甲、乙两球都做匀速圆周运动，甲球的质量是乙球的 2 倍。甲球在半径为 10 cm 的圆周上运动，乙球在半径为 20 cm 的圆周上运动。如果甲球的运动周期是乙球的 2 倍，那么，甲、乙两球所受向心力之比是多少？

5. 在水平路面上安全转弯的汽车，向心力是　（　　）

A. 重力和支持力的合力　　B. 重力、支持力和牵引力的合力

C. 汽车与路面间的静摩擦力　　D. 汽车与路面间的滑动摩擦力

6. 质量为 1 000 t 的列车，如果通过半径为 500 m 的弯道时所能提供的向心力最大是 5×10^{6} N，求列车转弯的最大速度。

习题 4－4

1. 引力常量是由英国物理学家________在实验室利用________装置首先测出的，该实验也验证了万有引力定律。

2. 已知在轨道上运转的某一个人造地球卫星，周期为 5.6×10^{3} s，轨道半径为 6.8×10^{3} km。试估算地球的质量。

习题 4－5

1. 人造地球卫星能够围绕地球不停地运转，是________力为它做圆周运动提供向心力，该力存在于________之间，用公式表示该力为________。

2. 海王星的质量是地球的 17 倍，它的半径是地球的 4 倍。绕海王星表面做圆周运动的宇宙飞船，其运行速度有多大？

第五章　力学中的守恒定律

本章导读

守恒定律是物理学中最重要的概念之一，要深入了解物理现象的规律，必须掌握守恒定律。它包括机械能守恒定律、动量守恒定律和能量守恒定律，而功和能又有着密切的联系。本章我们将在初中物理知识的基础上，进一步学习功和功率、动能、势能、机械能以及冲量、动量和相关守恒定律。

中国航天

第一节　功

一、功

在初中已经学过，如果力的方向与物体运动的方向一致（图 5－1），力学中的功就等于力的大小和位移的大小的乘积。用 F 表示力的大小，用 s 表示位移的大小，用 W 表示力 F 所做的功，则

$$W=Fs$$

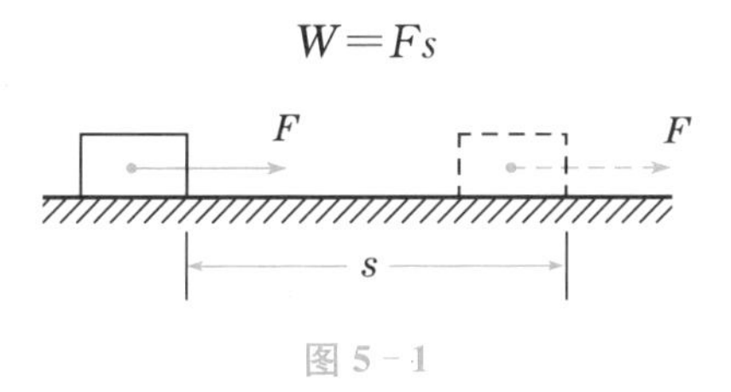

图 5－1

如果没有力，或物体没有发生位移，或位移的方向跟力的方向垂直，即在力的方向位移等于零，就没有做功。例如，举重运动员举着杠铃不动时，杠铃没有发生位移，举杠铃的力就没有做功；足球在水平地面上滚动时，重力就没有做功；物体做圆周运动时，向心力也没有做功。

当力 F 的方向与运动方向成某一角度时，例如，人斜向上方拉着车前进时（图 5－2 甲），车的位移是水平方向的。这时怎样计算力所做的功呢？

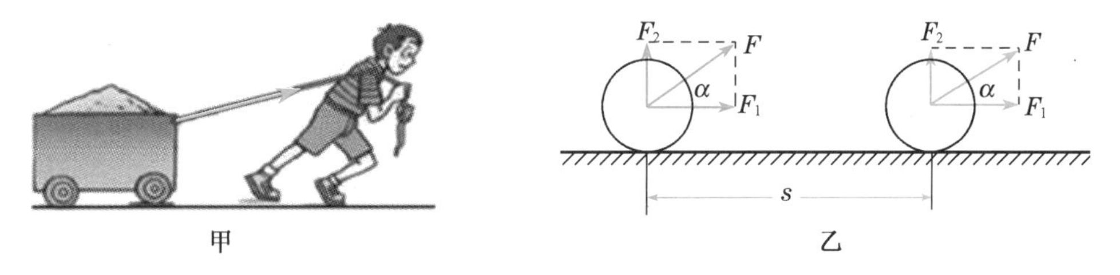

图 5－2

前面学过，力可以分解。斜向上的拉力 F 可以分解为两个分力：跟位移方向一致的分力 F_1，跟位移方向垂直的分力 F_2。设物体在力 F 的作用下发生的位移的大小是 s，则分力 F_1 所做的功等于 F_1s。分力 F_2 的方向跟位移的方向垂直，所做的功等于零。因此，力 F 对物体所做的功 W 等于分力 F_1 对物体所做的功 F_1s，由图 5－2 乙可以看出，$F_1=F\cos\alpha$，因此拉力 F 做的功为

$$W=Fs\cos\alpha$$

这就是说，力对物体所做的功，等于力的大小、位移的大小、力和位移方向间夹角的余弦三者的乘积。

功只有大小，没有方向，是标量。

在国际单位制中，功的单位是焦耳，简称焦，符号是 J。1 J 等于 1 N 的力使物体在力

的方向上发生 1 m 的位移时所做的功。

$$1\ \mathrm{J}=1\ \mathrm{N}\times 1\ \mathrm{m}=1\ \mathrm{N}\cdot\mathrm{m}$$

例题 1 一个质量 $m=2$ kg 的物体，受到与水平方向成 37°角斜向上方的拉力 $F_1=10$ N，在水平地面上移动的距离 $s=2$ m(图 5-3)。已知物体与地面间的滑动摩擦力 $F_2=4.2$ N。问 F_1 和 F_2 对物体所做的功各是多少？

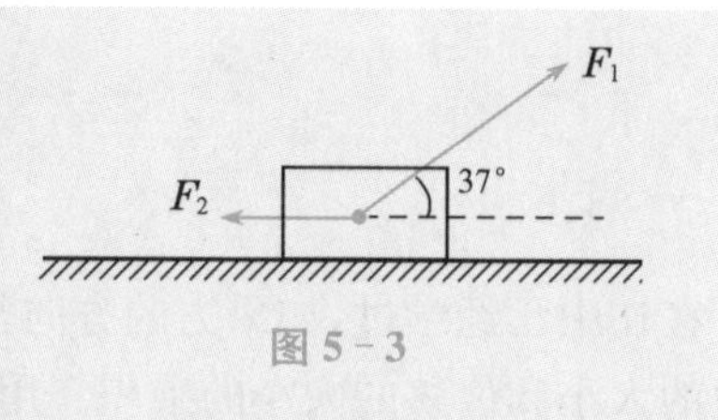

图 5-3

解 拉力 F_1 与位移 s 的夹角 $\alpha_1=37°$，$s=2$ m，所以

$$\begin{aligned}W_1&=F_1 s\cos\alpha_1\\&=10\times 2\times\cos 37°(\mathrm{J})\\&=16(\mathrm{J})\end{aligned}$$

滑动摩擦力 F_2 与位移 s 的夹角 $\alpha_2=180°$，$s=2$ m，所以

$$\begin{aligned}W_2&=F_2 s\cos\alpha_2\\&=4.2\times 2\times\cos 180°(\mathrm{J})\\&=-8.4(\mathrm{J})\end{aligned}$$

即拉力 F_1 对物体做了 16 J 的功，滑动摩擦力 F_2 对物体做了 -8.4 J 的功。

二、正功和负功

从上面的例题可以看出，功有正负，现在我们来讨论一下功的公式：

(1) 当 $\alpha=0$ 时，$\cos\alpha=1$，$W=Fs$，这是力跟位移方向相同的情形。

(2) 当 $\alpha=90°$时，$\cos\alpha=0$，$W=0$。这表示力 F 的方向跟位移 s 的方向垂直时，力 F 不做功。

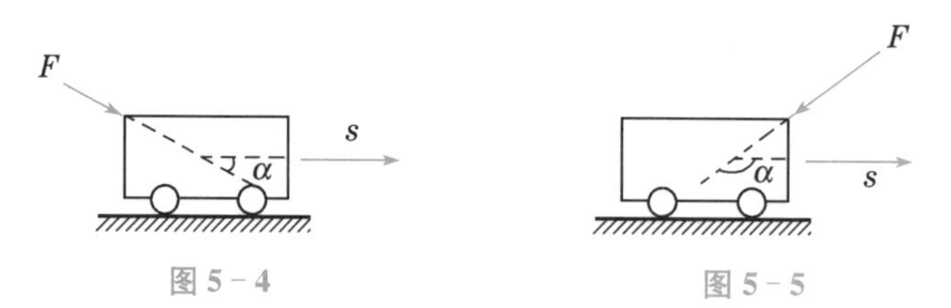

图 5-4　　图 5-5

(3) 当 $0°<\alpha<90°$时，$\cos\alpha>0$，$W>0$，这表示力 F 对物体做正功。例如，人用力推车前进时，人的推力 F 对车做正功(图 5-4)。

(4) 当 $90°<\alpha\leqslant 180°$时，$\cos\alpha<0$，$W<0$，这表示力对物体做负功。例如，人用力阻碍车前进时，人的推力 F 对车做负功(图 5-5)。

力对物体做负功，表明力是阻碍物体运动的，往往说成物体克服这个力做了功(取绝对值)。例如竖直向上抛出的球，在向上运动的过程中，重力对球做了 -6 J 的功，可以说成球克服重力做了 6 J 的功。

三、功率

不同的机器做相同的功，所用的时间往往不同。在物理学中，做功的快慢用功率来表示。功 W 和完成这些功所用时间 t 的比值叫作**功率**。用 P 表示功率，则有

$$P=\frac{W}{t}$$

在国际单位制中，功率的单位是瓦特，简称瓦，符号是 W。如果物体在 1 s 内做了 1 J 的功，它的功率就是 1 W。即

$$1\ \text{W}=1\ \text{J/s}$$

技术上常用的较大的功率单位是千瓦(kW)。

$$1\ \text{kW}=1\ 000\ \text{W}$$

例题 2　质量 $m=6$ kg 的物体，在水平力 $F=12$ N 的作用下，在光滑水平面上从静止开始运动，求：

(1) 力 F 在 $t=3$ s 内对物体所做的功。

(2) 力 F 在 $t=3$ s 内对物体做功的平均功率。

分析　物体在水平力 F 的作用下在水平面上做匀加速直线运动，由牛顿第二定律可知，加速度 $a=F/m=2\ \text{m/s}^2$，在 $t=3$ s 内物体的位移 $s=at^2/2=9$ m，即可以算出功和功率。

解　(1) 力 F 在 $t=3$ s 内对物体所做的功为

$$W=Fs=12\times9(\text{J})=108(\text{J})$$

(2)力 F 在 $t=3$ s 内对物体做功的平均功率为

$$P=\frac{W}{t}=\frac{108}{3}(\text{W})=36(\text{W})$$

力 F 在 3 s 内对物体做了 108 J 的功；在 3 s 内 F 的平均功率为 36 W。

四、功和能

功和能是两个联系密切的物理量。一个物体能够对外做功，我们就说这个物体具有能量。例如，流水能够推动轮船做功，流水具有能量；举到高处的重锤落下时能够把木桩打进地基而做功，举高的重锤也具有能量。

各种不同形式的能量可以相互转化，能的转化与做功总是同时进行，例如：举重运动员把杠铃举起来，对杠铃做了功，杠铃的重力势能增加，同时，运动员消耗了体内的化学能。运动员做了多少功，就有多少化学能转化为重力势能。吊车提升货物，钢绳的拉力对货物做了功，货物的机械能增加，同时，吊车的电动机消耗了电能。钢绳的拉力对货物做了多少功，就有多少电能转化为机械能。

可见，做功过程的实质是物体能量的转化过程，做了多少功，就发生了多少能量转化；反过来也可以说，在做功过程中，物体的能量转化了多少，就做了多少功。从这个意义上说，功是**能量转化的量度**。

第二节　动能和动能定理

一、动能

我们上节学过，如果一个物体能做功，就表明它具有能量。物体由于运动而具有的能量，叫作动能。一切运动的物体，例如，流动的水，射出的子弹，行驶的汽车都能做功，它们都具有动能。

那么，动能的大小跟哪些因素有关呢？

探究实验

探究影响功能大小的因素

让滑块 A 从光滑的斜面上滑下推动木块 B 做功（图 5－6）。木块被推得越远，滑块 A 做的功越多，表明滑块 A 的动能越大。让同一滑块从不同的高度滑下，可以看到，高度大时滑块把木块推得远。让质量不同的滑块从同一高度滑下，可以看到，质量大的滑块把木块推得远。

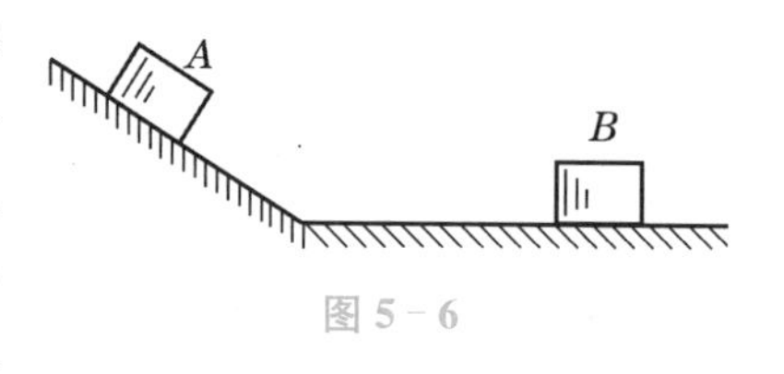

图 5－6

实验表明，物体的质量越大、速度越大，它的动能也越大。

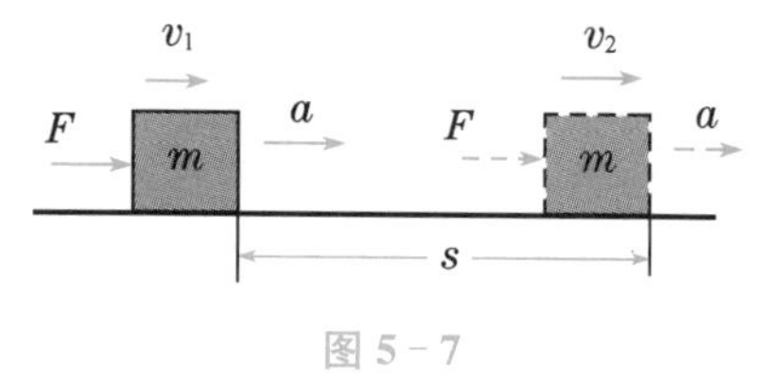

图 5－7

假设有一质量为 m 的物体，在恒力 F 的作用下，在光滑的水平面上滑动（图 5－7）。已知物体的初速度为 v_1，沿着力 F 的方向发生一段位移 s 时，速度增加到 v_2。很明显，在这一过程中，力 F 对物体所做的功 $W=Fs$。根据牛顿第二定律有 $F=ma$ 和匀加速直线运动的公式 $v_2^2-v_1^2=2as$，可得

$$W=Fs=ma\frac{v_2^2-v_1^2}{2a}=\frac{1}{2}mv_2^2-\frac{1}{2}mv_1^2$$

即

$$W=\frac{1}{2}mv_2^2-\frac{1}{2}mv_1^2 \qquad (1)$$

从上式可看到，力 F 所做的功等于 $\frac{1}{2}mv^2$ 这个物理量的变化。在物理学中就用 $\frac{1}{2}mv^2$ 这个量表示物体的动能。动能用 E_k 来表示，即

$$E_k=\frac{1}{2}mv^2$$

物体的动能等于物体质量与物体速度的二次方的乘积的一半。动能是标量。由于

$1\ \mathrm{kg \cdot m^2/s^2 = 1\ N \cdot m = 1\ J}$，所以，动能的单位与功的单位相同，在国际单位制中都是焦耳。

二、动能定理

如果我们用 E_{k1} 表示物体初动能 $\frac{1}{2}mv_1^2$，用 E_{k2} 表示物体末动能 $\frac{1}{2}mv_2^2$，(1)式就可以写成

$$W = E_{k2} - E_{k1} \tag{2}$$

上式表示，外力所做的功等于物体动能的变化。当外力做正功时，末动能大于初动能，动能增加。当外力做负功时，末动能小于初动能，动能减少。

如果物体受到几个力的共同作用，则(2)式中的 W 表示各个力做功的代数和，即合力所做的功。

合力所做的功等于物体动能的变化。这个结论叫作**动能定理**。

可以证明，动能定理也适用于变力做功的过程。这时(2)式中的 W 为变力所做的功。动能定理不涉及物体运动过程中的加速度和时间，因此用它来处理力学问题有时比较方便。

例题　质量为 10 g 的子弹，以 200 m/s 的速度射入一固定木板，穿入 4 cm深处后静止(图 5－8)，求木板对子弹的平均阻力。

分析　取子弹为研究对象，在水平方向子弹受木板的阻力。子弹原来是运动的，初动能 $E_{k1} = \frac{1}{2}mv_1^2$。子弹克服阻力做功，动能减小，末动能 $E_{k2} = 0$。设木板对子弹的平均阻力为 f，子弹克服阻力所做功 $W = fs$。根据动能定理可知，子弹克服阻力做的功等于减少的动能，由此就可以求出 f。

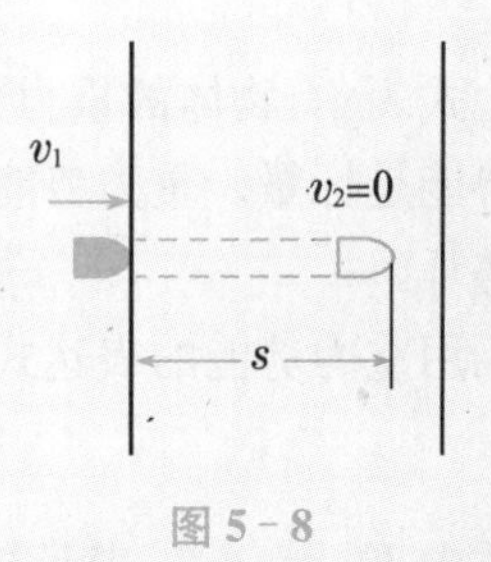

图 5－8

解　根据题意可知，$m = 1\times10^{-2}$ kg，$v_1 = 200$ m/s，$v_2 = 0$，$s = 4\times10^{-2}$ m。由动能定理得

$$fs = \frac{1}{2}mv_1^2$$

由此得

$$f = \frac{mv_1^2}{2s}$$

代入数值得

$$f = \frac{1\times10^{-2}\times200^2}{2\times4\times10^{-2}}\ (\mathrm{N}) = 5\times10^3\ (\mathrm{N})$$

即木板对子弹的平均阻力是 5×10^3 N。

思考与讨论

请同学们根据以上解题过程，归纳出应用动能定理解题的一般步骤和方法。

第三节　重力势能

一、重力势能

在初中已经学过，物体由于被举高而具有的能量叫作重力势能。重锤落下时，能把木桩或钢铁构件打进地基里，重锤具有重力势能。重锤的质量越大，被举得越高，把木桩或钢铁构件打进地里越深。可见，物体的质量越大，高度越大，重力势能就越大。怎样定量地表示重力势能呢？

设一个质量为 m 的物体从高度为 h_1 的 A 点下落到高度为 h_2 的 B 点（图 5－9）。重力所做的功为

$$W_G=mg\Delta h=mgh_1-mgh_2$$

可以看到，W_G 等于 mgh 这个量的变化。在物理学中就用 mgh 这个物理量表示物体的重力势能，用符号 E_p 来表示，即

$$E_p=mgh$$

上式表示，物体的重力势能等于物体的重量和它的高度的乘积。重力势能是标量。重力势能的单位和功的单位相同，在国际单位制中，也是焦耳。

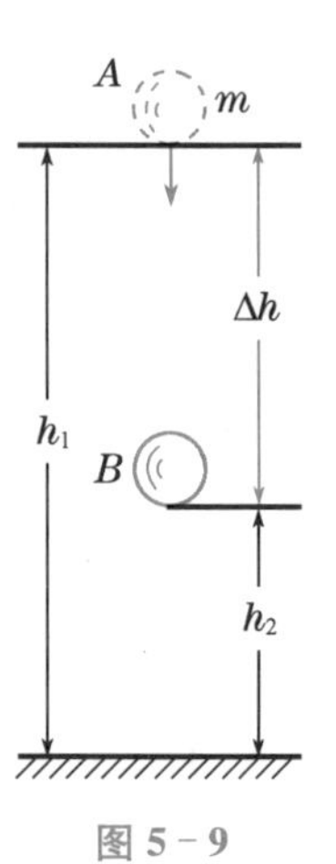

图 5－9

利用重力势能的表达式，重力做功就可以表示为

$$W_G=E_{p1}-E_{p2}$$

式中 $E_{p1}=mgh_1$ 表示初位置的重力势能，$E_{p2}=mgh_2$ 表示末位置的重力势能。

当物体由高处向低处运动时，重力做正功，$W_G>0$，$E_{p1}>E_{p2}$，重力势能减少，减少的重力势能等于重力所做的功。

当物体由低处向高处运动时，重力做负功，$W_G<0$，$E_{p1}<E_{p2}$。这表示物体克服重力做功（重力做负功），重力势能增加，增加的重力势能等于克服重力所做的功。

二、重力势能的相对性

我们说物体具有重力势能 mgh，这总是相对于某个水平面来说的，这个水平面的高度为零，重力势能也为零，叫作参考平面。

选择不同的参考平面，物体的重力势能的数值是不同的。例如，地面上的一块石头，如果取地面为计算高度的起点，则它的重力势能为零；但如果取深井底面为计算高度的起点，则它具有相当大的重力势能（图 5－10）。可见，重力势能是相对参考平面而言的。因此，在讨论重力势能的大小时，必须指明计算高度的起点，即取何处物体的重力势能为零。

如果不做特别的说明，都是选择地面作为参考平面。

甲　以地面为参考平面，地面上石头的重力势能为零

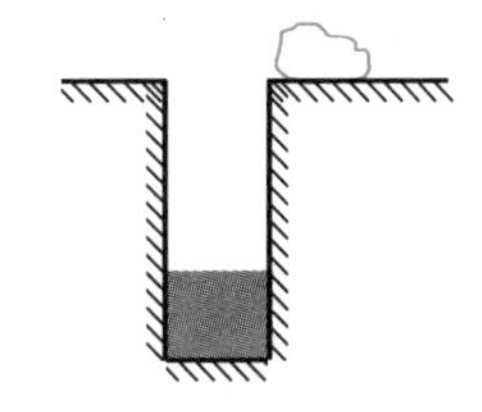

乙　以井底为参考平面，地面上石头具有一定的重力势能

图 5－10　参考平面

第四节　机械能守恒定律

一、机械能之间的相互转化

动能和势能统称机械能。一般用 E 表示机械。如果物体的质量为 m，离地面高度为 h，运动速度为 v，这时物体具有的机械能

$$E=E_k+E_p=\frac{1}{2}mv^2+mgh$$

在初中物理中我们已经知道，动能和势能是可以相互转化的。例如：

用细线悬挂一个小球，把小球拉到一定高度，然后释放，小球会从高处摆动到低处，再从低处摆动到高处(图 5－11)。

小球从高处 A 向低处摆动时，它的重力势能越来越小，动能在不断增加。到达平衡位置 O 点时，小球的重力势能为零，动能达到最大，在这个过程中，重力做功，重力势能转化成了动能。在这以后，由于惯性，小球继续向另一侧摆动，速度越来越小，动能逐渐减小，但重力势能越来越大。当速度减小到零时，动能为零，而此时小球到达最高点 C，重力势能变为最大。在这个过程中，物体克服重力做功，动能转化成了重力势能。

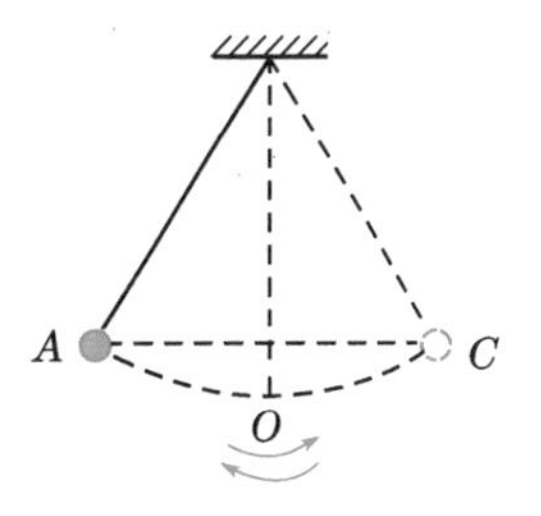

图 5－11　动能和势能的相互转化

二、机械能守恒定律

在势能和动能发生相互转化时，物体的机械能总量是否发生变化呢？我们以自由落体运动为例来研究机械能在相互转化过程中的关系。

设一个质量为 m 的物体自由下落，经过高度为 h_1 的 A 点(初位置)时速度为 v_1，下落到高度为 h_2 的 B 点(末位置)时速度为 v_2(图 5－12)。在自由落体运动中，物体只受重力 $G=mg$ 的作用，重力做正功。设重力所做的功为 W_G，则由动能定理可得

$$W_G=\frac{1}{2}mv_2^2-\frac{1}{2}mv_1^2 \qquad (1)$$

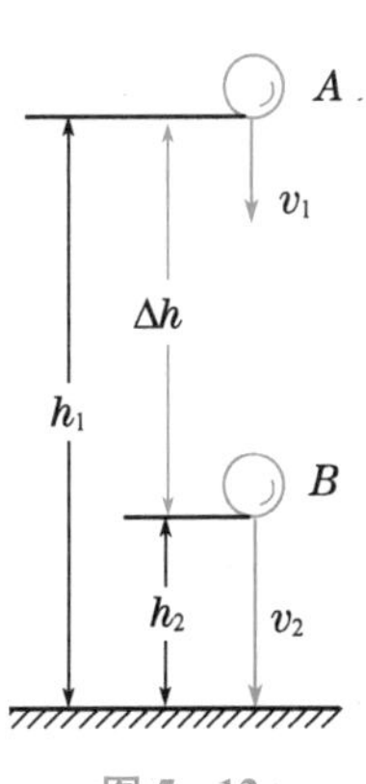

图 5－12

上式表示，重力所做的功等于增加的动能。

另一方面，由重力做功与重力势能的关系知道，

$$W_G = mgh_1 - mgh_2 \tag{2}$$

上式表示，重力所做的功等于减少的重力势能。

由(1)式和(2)式可得

$$\frac{1}{2}mv_2^2 - \frac{1}{2}mv_1^2 = mgh_1 - mgh_2 \tag{3}$$

移项后可得

$$\frac{1}{2}mv_2^2 + mgh_2 = \frac{1}{2}mv_1^2 + mgh_1$$

即

$$E_{k2} + E_{p2} = E_{k1} + E_{p1} \tag{4}$$

上式表示，在自由落体运动中，物体的动能和重力势能发生相互转化，但机械能的总量保持不变。

可以证明，在只有重力做功的情形下，不论物体做直线运动还是曲线运动，这个结论都是成立的。所谓只有重力做功，是指：物体只受重力，不受其他的力，或者除重力外还受其他的力，但其他力不做功。研究表明，如果只有弹力做功，动能和弹性势能之和也保持不变。

在只有重力和弹力做功的情形下，物体的动能和重力势能、弹性势能之间发生相互转化，但机械能的总量保持不变。

这就是**机械能守恒定律**。它是力学中的一条重要定律。

例题 如图 5-13，物体从高 1 m、长 2 m 的光滑斜面顶端由静止开始自由滑下，空气阻力忽略不计，物体滑到斜面底端时的速度是多大？

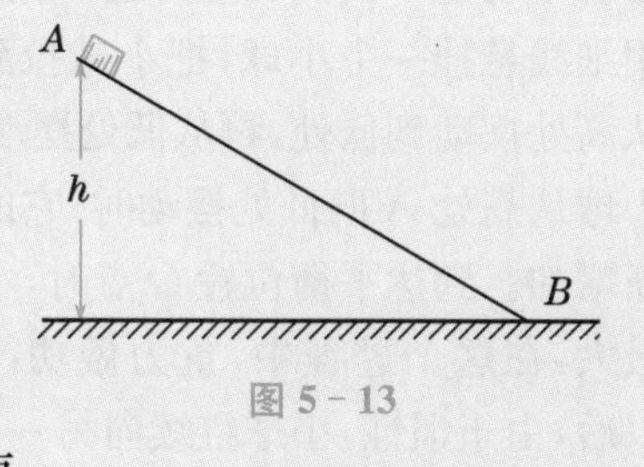

图 5-13

分析 物体受重力和斜面的支持力，支持力与物体的运动方向垂直，不做功。物体在下滑过程中只有重力做功，所以机械能守恒。

解 设物体的质量为 m，到达斜面最底端 B 点时的速度为 v。物体在斜面最高点 A 时，初状态动能 $E_{k1}=0$，重力势能 $E_{p1}=mgh$，机械能 $E_{k1}+E_{p1}=mgh$。到达斜面最底端 B 点时，末状态动能 $E_{k2}=\frac{1}{2}mv^2$，重力势能 $E_{p2}=0$，机械能 $E_{k2}+E_{p2}=\frac{1}{2}mv^2$。

根据机械能守恒定律

$$E_{k2} + E_{p2} = E_{k1} + E_{p1}$$

得

$$\frac{1}{2}mv^2 = mgh$$

$$v = \sqrt{2gh} = \sqrt{2 \times 9.8 \times 1}\ (\text{m/s})$$

$$= 4.4\ (\text{m/s})$$

即物体滑到斜面底端的速度是 4.4 m/s。

讨论：本题可以运用牛顿第二定律和运动学公式求解吗？哪一种方法更简单？

由此可以看出，应用机械能守恒定律解答力学问题，可以只考虑运动的初状态和末状态，只从物体初、末状态的能量就可以很方便地得出结论，不需要考虑两个状态之间的运动过程的细节，简化解题的步骤。

思考与讨论

如图 5－14，用细绳把铁锁吊在高处，并把铁锁拉到鼻子尖前释放。保持头的位置不动，铁锁摆回来时，会打着鼻子吗？试试看，并解释为什么。

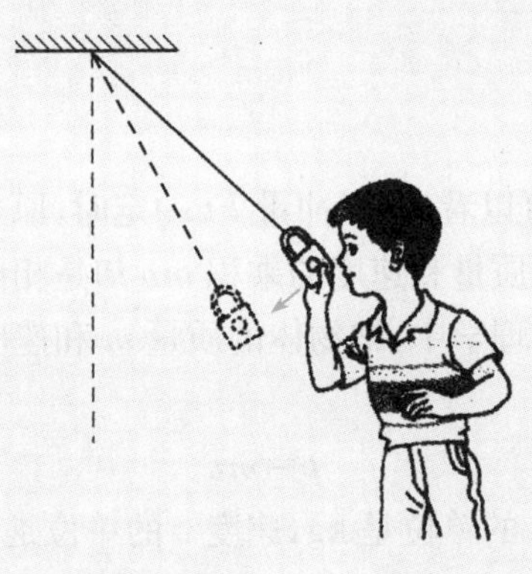

图 5－14

第五节　冲量和动量

物理学家在研究打击、碰撞这类问题时引入了新的物理量——冲量和动量，并且研究了跟动量有关的规律，确立了动量守恒定律。

一、冲量

一辆汽车受到不同的牵引力时，从开动到获得一定的速度，需要的时间不同。牵引力大，需要的时间短；牵引力小，需要的时间长。可见，一个力作用的效果跟这个力作用的时间长短有关系。下面我们来定量地研究这方面的问题。

如图 5－15 所示，质量为 m 的小车在拉力 F 的作用下从静止开始运动，经过时间 t 将获得多大的速度？根据牛顿第二定律，有

$$a=\frac{F}{m}$$

假设经过时间 t 后小车获得的速度为 v，则有

$$v=at=\frac{Ft}{m}$$

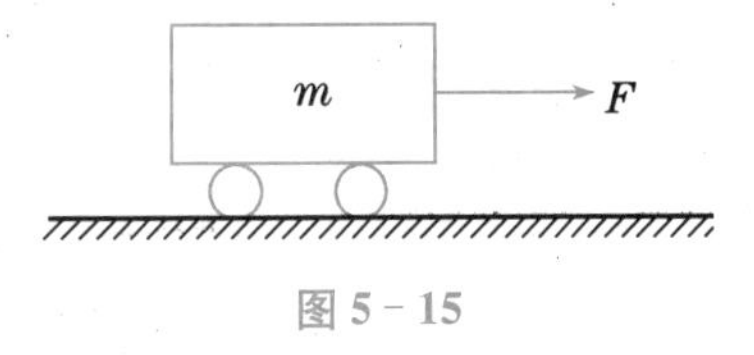

图 5－15

由此可得

$$Ft=mv$$

可见，要使一个原来静止的物体获得某一速度，既可以用较大的力作用较短的时间，也可以用较小的力作用较长的时间。只要力 F 和力的作用时间 t 的乘积 Ft 相同，这个物体总获得相同的速度。这说明，对一定质量的物体，力所产生的改变物体速度的效果，是由 Ft 这个物理量决定的。在物理学中，力 F 和力的作用时间 t 的乘积 Ft 叫作力的冲量。

在国际单位制中，力的单位是 N，时间的单位是 s，所以冲量的单位是牛・秒，符号是 N・s。

冲量是矢量。它的方向是由力的方向决定的。如果力在作用时间内方向不变，冲量的方向就跟力的方向相同。

二、动量

从上述公式 $Ft=mv$ 还可以看出，当冲量 Ft 一定时，原来静止的质量不同的物体，虽然得到的速度不同，但它们的质量和速度的乘积 mv 却是相同的。可见，质量和速度的乘积也有一定的物理意义，在物理学中，把物体的质量 m 和速度 v 的乘积 mv 叫作动量。动量通常用符号 p 来表示，即

$$p=mv$$

在国际单位制中，质量 m 的单位是 kg，速度 v 的单位是 m/s，所以动量 p 的单位是千克米每秒，符号是 kg・m/s。

动量也是矢量，它的方向与速度的方向相同。如果物体的运动在同一条直线上，即动量矢量在同一直线上，在选定一个正方向之后，动量的运算就可以简化为代数运算。

例题　在图 5-16 中，一个质量是 0.1 kg 的钢球，以 6 m/s 的速度水平向右运动，碰到一个坚硬的障碍物后被弹回，沿着同一直线又以 6 m/s 的速度水平向左运动。碰撞前后钢球的动量有没有变化？动量变化的大小是多少？

图 5-16

分析　动量是矢量，无论它的大小还是方向发生了变化，我们都说动量发生了变化。选定一个正方向，以钢球原来的运动方向，即水平向右的方向为正方向，则碰撞前钢球的动量为正值；碰撞后钢球动量为负值。钢球动量的变化等于碰撞后的动量减去碰撞前的动量。

解　如图 5-16 乙所示，取水平向右的方向为正方向，碰撞前钢球的动量

$$p=mv=0.1\ \text{kg}\times 6\ \text{m/s}=0.6\ \text{kg}\cdot\text{m/s}$$

碰撞后钢球的动量

$$p'=mv'=0.1\ \text{kg}\times(-6\ \text{m/s})=-0.6\ \text{kg}\cdot\text{m/s}$$

碰撞前后钢球动量的变化为

$$\Delta p=p'-p=-0.6\ \text{kg}\cdot\text{m/s}-0.6\ \text{kg}\cdot\text{m/s}$$
$$=-1.2\ \text{kg}\cdot\text{m/s}$$

动量的变化 $\Delta p=p'-p$ 也是矢量，计算结果中的负号表示 Δp 的方向与所取的正方向相反，即 Δp 的方向水平向左。

第六节　动量守恒定律

一个鸡蛋从桌面滚下，如果落在水泥地面上，肯定会被打破。而掉在厚泡沫塑料垫子上，就不会被打破了。这是为什么？

一、动量定理

现在我们研究，一个具有一定动量的物体，在合力的作用下，经过一段时间，它的动量变化跟所受合力的冲量有什么关系。

设一个质量为 m 的物体，初速度为 v，初动量为 $p=mv$，在合力 F 的作用下，经过一段时间 t，速度变为 v'，末动量为 $p'=mv'$（图 5－17）。物体的加速度

$$a=\frac{v'-v}{t}$$

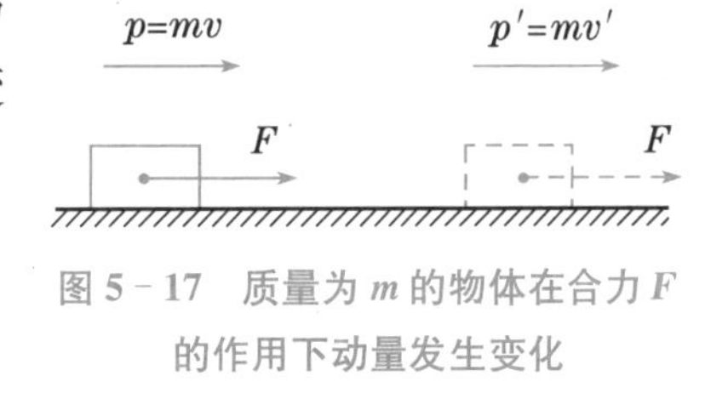

图 5－17　质量为 m 的物体在合力 F 的作用下动量发生变化

根据牛顿第二定律 $F=ma=\dfrac{mv'-mv}{t}$ 可得

$$Ft=mv'-mv$$

即
$$Ft=p'-p$$

上式表示，物体所受合力的冲量等于物体的动量变化。这个结论叫作**动量定理**。我们在上节得到的公式 $Ft=mv$，是初动量为零的情形，是动量定理的特殊情形。

动量定理不但适用于恒力，也适用于随时间而变化的变力。对于变力的情况，动量定理中的 F 为变力在作用时间内的平均值。

二、动量定理的应用

运用动量定理可以很容易解释开始时提到的鸡蛋落地的现象。从桌面落到地面的鸡蛋，动量的变化是一定的，受到的冲量也就是一定的。因此，如果力的作用时间短，作用力就大。鸡蛋落到水泥地面上，很快就停下来，力的作用时间短，产生的作用力大，易被打碎；而鸡蛋落到泡沫塑料上，从接触到完全停下来需要较长的时间，因而产生的作用力小，就不至于打破。用铁锤钉钉子时，可以把具有较大质量的铁锤抡起来，使它具有较大的动量，然后迅速把锤头打在钉子上，铁锤的动量发生急剧的变化，就产生较大的力把钉子钉

进去。相反,有时需要产生的力较小,就可以用软垫、泥沙、橡胶等作为缓冲材料来延长力的作用时间。例如,在轮渡的码头上装有橡皮轮胎,轮船停靠码头时靠到橡皮轮胎上,轮胎发生形变,作为缓冲装置,减小轮船停靠时所受的力。跳远时,要跳进沙坑里,以延长着地的时间,减小落地时的冲击力,以保证安全。

思考与讨论

观察火车车厢的缓冲装置及运动员接迎面飞来的篮球时双臂的动作,说说其中的道理。

例题 一个质量为 5.0 kg 的铁锤把道钉打进铁路的枕木里(图 5-18)。打击时铁锤的速度是 5.0 m/s。如果打击时铁锤和道钉的作用时间是 0.02 s,求打击时的平均作用力。不计铁锤柄的重量。

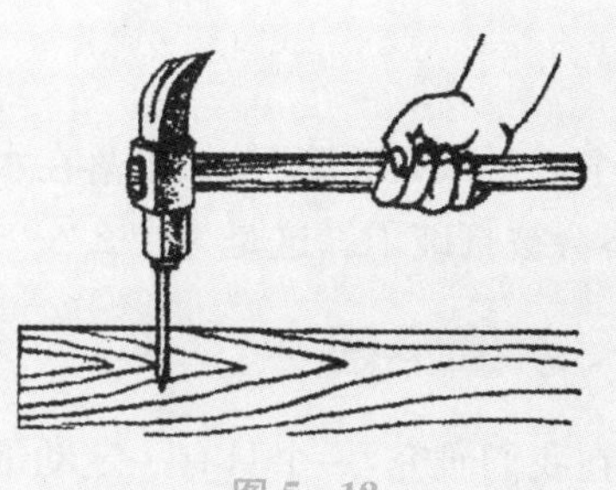

图 5-18

分析 铁锤对道钉的作用力是变力,力的大小先是急剧地增大,然后又急剧地减小为零。可以用动量定理来求解。

根据题意,不计铁锤柄重力,只考虑铁锤和道钉间的作用力,在这个力的作用下,铁锤的动量发生了变化,由动量定理即可求出铁锤所受的平均作用力 F。

解 取竖直向下的方向为正方向。已知 $m=5.0\ \text{kg}$,$v=5\ \text{m/s}$,$v'=0$,$t=0.02\ \text{s}$。由动量定理得

$$F=\frac{p'-p}{t}=\frac{mv'-mv}{t}$$

把已知数值代入上式可得

$$F=\frac{0-5.0\times5}{0.02}(\text{N})=-1.25\times10^3(\text{N})$$

这里的负号表示,铁锤受到的作用力的方向与规定的方向相反,即铁锤受到的平均作用力大小为 1.25×10^3 N,方向向上。

根据牛顿第三定律,道钉受到的作用力跟铁锤受到的作用力大小相同,方向相反,因此,道钉受到的平均作用力为 1.25×10^3 N,方向向下。

三、动量守恒定律

在滑冰场上,两个同学手拉着手静止在冰面上。不论谁推谁一下,两个人都会向相反方向滑去(图 5-19)。他们都由原来的没有动量,变为有动量,动量都发生了变化。可见,几个物体相互作用时,他们各自的动量都会改变,那么,他们的动量变化遵从什么规律呢?

图 5-19

在光滑的水平面上，质量分别为 m_1 和 m_2 的两个小球沿着同一直线做匀速运动，速度分别为 v_1 和 v_2，且 $v_2>v_1$（图 5-20）。两个球的总动量为

$$p=p_1+p_2=m_1v_1+m_2v_2$$

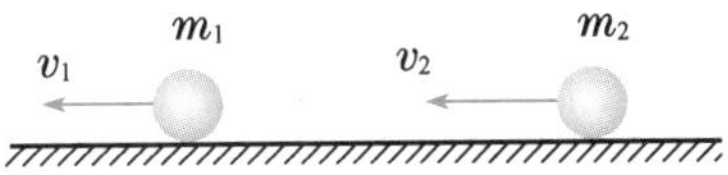

图 5-20

经过一段时间后，第二个球追上了第一个球，两球发生了碰撞。碰撞后两球的速度分别为 v_1' 和 v_2'，碰撞后的总动量为

$$p'=p_1'+p_2'=m_1v_1'+m_2v_2'$$

设碰撞过程中，第一个球和第二个球所受的平均作用力分别为 F_1 和 F_2，力作用的时间是 t。根据动量定理可知，

第一个球受到的冲量为

$$F_1t=p_1'-p_1=m_1v_1'-m_1v_1$$

第二个球受到的冲量为

$$F_2t=p_2'-p_2=m_2v_2'-m_2v_2$$

根据牛顿第三定律知道 $F_1=-F_2$，所以

$$F_1t=-F_2t$$

由此得

$$m_1v_1+m_2v_2=m_1v_1'+m_2v_2'$$

即

$$p_1+p_2=p_1'+p_2'$$

$$p=p'$$

上式表明，两个小球碰撞前后的总动量相等。

物理学中，通常把发生相互作用的一组物体称为**系统**。图 5-20 中的两个小球在碰撞过程中就组成一个最简单的系统。系统中各物体之间的相互作用力叫作**内力**，外部其他物体对系统内物体的作用力叫作**外力**。图 5-20 中两球碰撞时的相互作用力就是内力。此外，两球还受到外力，即重力和支持力，但它们彼此平衡，所以两球组成的系统所受的外力之和为零，可见，得出上式的条件是一个系统不受外力或者所受外力之和为零，这个系统的总动量保持不变。这个结论叫作**动量守恒定律**。

动量守恒定律不仅适用于正碰(碰撞前后相互作用的物体在同一直线上运动)，也适用于斜碰(碰撞前后物体不在同一直线上运动)。它不仅适用于碰撞，也适用于任何形式的相互作用。

阅读材料

反冲运动

2011 年 9 月 29 日，我国第一个目标飞行器“天宫一号”在酒泉卫星发射中心成功发射，它的发射标志着中国航天迈入一个更高、更新的阶段(图 5－21)。那么，火箭是如何获得动力发射升天的呢？原来，火箭尾部装有大量燃料，火箭发射时，燃料猛烈燃烧后生成的高温高压气体连续不断地从喷口喷出，喷气飞机和火箭就获得巨大速度，向和燃料喷出的相反方向飞行，这种运动叫作反冲运动。

图 5－21

如果一个静止系统在内力的作用下分裂成两个部分，一部分向某个方向运动，另一部分必然向相反的方向运动。这种运动叫作反冲运动。

从动量守恒定律知道，在不受外力作用或者合外力等于零的情况下，物体间不论发生任何形式的相互作用，它们的动量之和是不变的。因此，如果两个物体或一个物体的两部分由于相互作用，一个物体或者物体的一部分向前运动，另一个物体或者物体的另一部分就要向后运动。

反冲运动在生产生活中是一种常见的现象，例如，喷气式飞机通过连续不断地向后喷射高速燃气，可以得到超音速的飞行速度(图 5－22)。射击炮弹时，炮弹向前射出，炮身就会后退(图 5－23)，炮身的反冲运动会影响射击的准确性，因此，现代的大炮后面都安装了止退犁。小朋友春节时玩的礼花“冲天炮”，也是根据这个道理上天的。

图 5－22

图 5－23

实验五　验证机械能守恒定律

【实验目的】

验证机械能守恒定律。

【实验原理】

在自由落体运动中，物体的重力势能和动能互相转化，但总的机械能保持不变。利用打点计时器记录物体运动的位置，再根据纸带记录的点迹求出物体的速度。物体在下落过程中受到打点计时器的阻力和空气阻力，为了使物体在下落过程中受到各种阻力可以忽略，必须加大物体的质量，所以实验用质量较大的重锤，如果重锤从静止开始下落高度 h 时，速度增大到 v，由机械能守恒应该有

$$mgh=\frac{1}{2}mv^2$$

【实验器材】

打点计时器、交流电源、纸带、复写纸、重物(附纸带夹子)、刻度尺、铁架台、导线。

【实验步骤】

(1) 按课本所示装置竖直安装好计时器并将计时器接在交流电源上。如图 5－24。

(2) 将纸带穿过计时器，纸带下端用夹子与重物相连，手提纸带使重物静止在靠近打点计时器的地方。

(3) 接通电源，松开纸带，让重物自由下落，计时器就在纸带上打下一系列的点。

(4) 换纸带，重复上述步骤。

(5) 在取下的纸带中挑选前一、二两点间接近 2 mm 且点迹清晰的纸带测量，先记下第一点 O 的位置，并在纸带上从 O 点开始依次选取几个点 1、2、3、4，各点间的时间一样设为 T，用刻度尺测出距 O 点的相应距离 h_1、h_2、h_3、h_4，如图 5－25 所示。

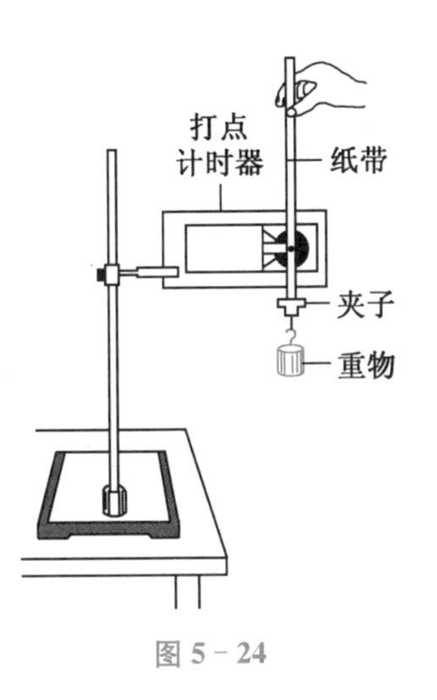

图 5－24

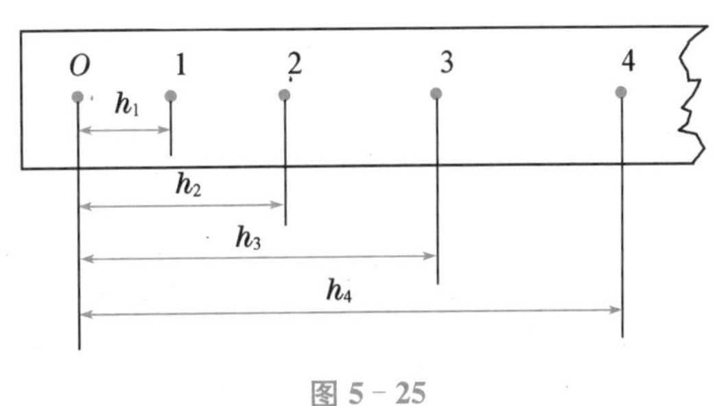

图 5－25

(6) 用公式 $v_n=\frac{h_{n+1}-h_{n-1}}{2T}$,计算各点对应的瞬时速度 v_1、v_2、v_3、v_4。

(7) 计算各点对应的势能减少量 ΔE_p 和动能增加量 ΔE_k 进行比较,计算时 g 取当地的值,将所得数据填入自己设计的表格里,得出结论。

本章小结

本章主要研究功和功率、动能、重力势能、机械能以及冲量、动量和相关守恒定律。

功:等于力的大小、位移的大小、力和位移方向间夹角的余弦三者的乘积。用公式表示:

$$W=Fs\cos\alpha\text{(}W\text{ 表示功,}s\text{ 为位移)}$$

功率:表示物体做功的快慢。用功 W 跟完成这些功所用时间 t 的比值表示功率 P:

$$P=\frac{W}{t}$$

动能:物体由于运动而具有的能,动能 E_k 表达式:

$$E_k=\frac{1}{2}mv^2$$

动能定律:力对物体做的功等于物体动能的变化。用公式表述为:

$$W=E_{k2}-E_{k1}=\frac{1}{2}mv_2^2-\frac{1}{2}mv_1^2$$

重力势能:地球上的物体具有的跟它的高度有关的能,重力势能 E_p 的表达式:

$$E_p=mgh$$

机械能守恒定律:动能和势能统称机械能,它们之间可以互相转化。一个物体如果只受到重力和弹力的作用,发生动能和势能的相互转化时,机械能的总量保持不变。公式表述为:

$$E_{k1}+E_{p1}=E_{k2}+E_{p2}\text{或}\frac{1}{2}mv_1^2+mgh_1=\frac{1}{2}mv_2^2+mgh_2$$

冲量和动量:在物理学中,把力 F 和时间 t 的乘积叫作冲量(Ft);把质量 m 和速度 v 的乘积叫作动量(mv),它们都是矢量。

动量定理:物体受到的合力的冲量等于物体动量的变化量。用公式表述为:

$$Ft=mv_2-mv_1\text{(式中的 }F\text{ 为平均力或平均合力)}$$

动量守恒定律:物体在相互作用时,如果所受的合外力等于零,动量的总和保持不变。用公式表述为:

$$m_1v_1+m_2v_2=m_1v_1'+m_2v_2'$$

习　题

习题 5-1

1. 运动员用 20 N 的力沿水平方向把球踢出去,球受的重力为 5 N,球在地面上滚出

的距离是 50 m,运动员踢球所做的功是　　　　　　　　　　　　　　　　（　　）

A. 1 000 J　　　B. 250 J　　　C. 5 000 J　　　D. 不能确定

2. 图 5-26 表示物体在力 F 作用下在水平面上发生一段位移 s,试分别计算在这三种情况下力 F 对物体所做的功。设在这三种情况下力、位移的大小都相同:$F=10$ N,$s=2$ m。角 θ 的大小如图注中所示。

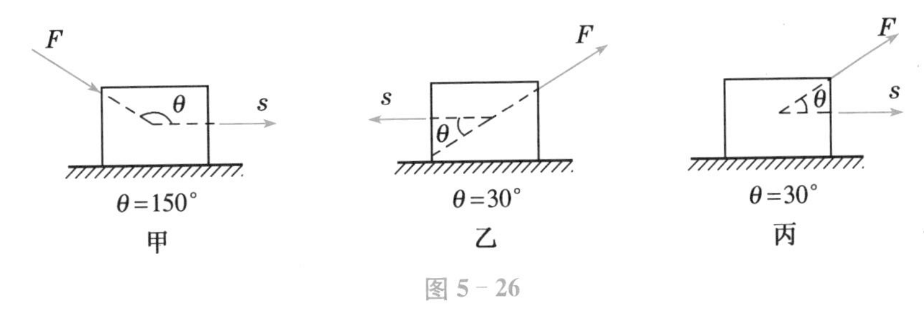

图 5-26

3. 物体的质量为 m,在下列各种情况中,重力做的功各是多少?

(1) 物体自由落下距离为 h;

(2) 物体在与水平方向成 30°角的斜面上,沿斜面下滑的距离为 s;

(3) 物体沿水平方向移动的距离为 s。

4. 用起重机把重量为 2.0×10^4 N 的重物匀速地提高 5 m。钢绳的拉力做多少功?重力做多少功?重物克服重力做多少功?

习题 5-2

1. 下列几种情况中,汽车的动能怎样变化?

(1) 质量不变,速度增大到原来的 2 倍;

(2) 速度不变,质量增大到原来的 2 倍;

(3) 质量减半,速度增大到原来的 2 倍;

(4) 速度减半,质量增大到原来的 2 倍。

2. 某货车的质量 $m=2\times10^3$ t,在 $F=2\times10^5$ N 的拉力作用下,由静止开始运动,求货车速度达到 10 m/s 时的位移,不计阻力。

3. 质量 $m=500$ g 的物体,原来的速度 $v_1=2$ m/s,受到一个与运动方向相同的力 $F=4$ N 的作用,发生的位移 $s=2$ m,物体的末动能是多大?

习题 5-3

1. 气球的质量为 2×10^2 kg,上升到 5×10^3 m 的高空,它的重力势能增加了多少?(g 取 9.8 m/s^2)

2. 一个质量为 20 kg 的小朋友从地面爬到屋顶,重力势能增加 9 800 J。这屋子有多高?(g 取 9.8 m/s)

习题 5-4

1. 在下列各种情形中,机械能守恒的是　　　　　　　　　　　　　　　　（　　）

A. 物体沿斜面匀速滑下;

B. 物体做竖直上抛运动(空气阻力不计);

C. 跳伞运动员带着张开的降落伞在空气中匀速下降；

D. 拉着物体沿斜面匀速上升；

E. 用细绳拴着一个小球，使小球在光滑水平面上做匀速圆周运动。

2. 不计空气阻力，从地面上以 10 m/s 的速度竖直向上抛出一个小球，它能上升到多高？落回原地时的速度为多大？

3. 重锤的质量是 200 kg，把它提升到距地面 20 m 的高处，然后让它自由落下，空气阻力忽略不计，取地面作参考平面。求：

(1) 重锤在最高点时，重力势能 $E_{p1}=$________，动能 $E_{k1}=$________，机械能 $E_1=$________。

(2) 重锤下落 10 m 时，重力势能 $E_{p2}=$________，动能 $E_{k2}=$________，机械能$E_2=$________。

(3) 重锤下落到地面时，重力势能 $E_{p3}=$________，动能 $E_{k3}=$________，机械能 $E_3=$________。

4. 图 5－27 是翻滚过山车的示意图。车从离地面高度为 h 的 A 处由静止释放后，冲入位于竖直平面内的圆形轨道，轨道半径 $R=8.1$ m。如果车在轨道的最高点 B 处，具有的速度为 9 m/s，A 点距地面的高度 h 应为多大？(不计机械能的损失，g 取 10 m/s^2)

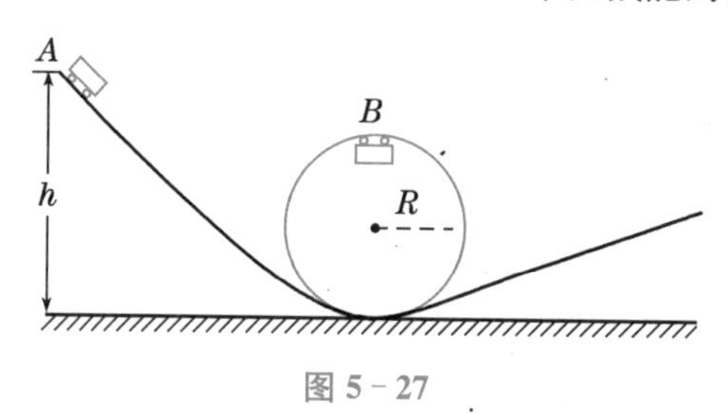

图 5－27

5. 在图 5－28 甲中，把小球用长 1 m 的细线悬挂起来，并向一旁拉开，使它比最低点高 0.25 m。松开小球，让它自由摆动，空气阻力忽略不计。问：

(1) 小球通过最低点时的速度是多大？

(2) 如果用尺挡住悬线的中点(图 5－28 乙)，小球摆到另一端时能上升到多高？

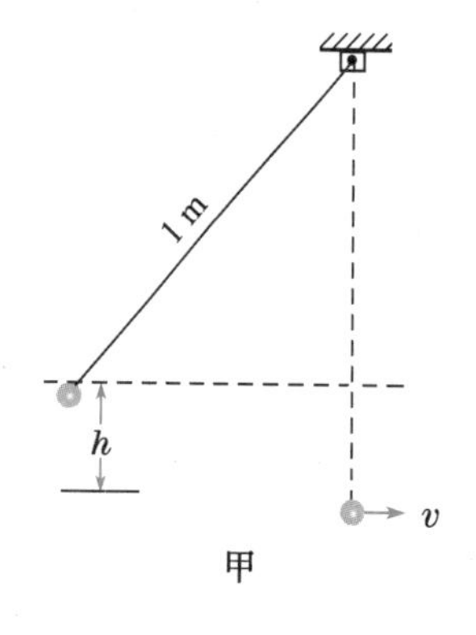

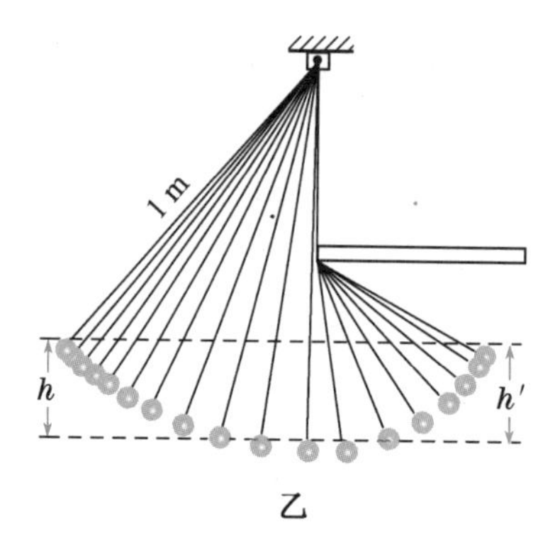

图 5－28

习题 5－5

1. 将重量为 3 N 的小球以 10 m/s 的初速度竖直向上抛出，小球经 2 s 又落回到抛出点，则从抛出到落回到抛出点的过程中重力的冲量为　　(　　)

A. 大小为 3 N·s，方向竖直向下

B. 大小为 6 N·s，方向竖直向下

C. 大小为 6 N·s，方向竖直向上

D. 0

2. 质量为 0.04 kg 的网球以 15 m/s 的水平速度飞向球拍，被球拍打击后又以 15 m/s 的水平速度反向飞回。设网球被打击前的动量为 p，被打击后的动量为 p'，取打击后飞回的方向为正方向，则网球动量变化的下列计算式，正确的是　　(　　)

A. $\Delta p=p'-p=0.6\ \text{kg}\cdot\text{m/s}-(-0.6\ \text{kg}\cdot\text{m/s})=1.2\ \text{kg}\cdot\text{m/s}$

B. $\Delta p=p'-p=-0.6\ \text{kg}\cdot\text{m/s}-(-0.6\ \text{kg}\cdot\text{m/s})=0$

C. $\Delta p=p'-p=-0.6\ \text{kg}\cdot\text{m/s}-0.6\ \text{kg}\cdot\text{m/s}=-1.2\ \text{kg}\cdot\text{m/s}$

D. $\Delta p=p'-p=0.6\ \text{kg}\cdot\text{m/s}-0.6\ \text{kg}\cdot\text{m/s}=0$

3. 一个质量是 20 g 的钢球，以 5 m/s 的速度向左运动，碰到钢板后被弹回，以 3 m/s 的速度沿同一条直线向右运动，问钢球动量的变化是多大？

习题 5－6

1. 从同一高度自由落下的玻璃杯，掉在水泥地上易碎，掉在软泥地上不易碎。这是因为　　(　　)

A. 掉在水泥地上，玻璃杯的动量大

B. 掉在水泥地上，玻璃杯的动量变化大

C. 掉在水泥地上，玻璃杯受到的冲量大，且与水泥地的作用时间短，因而受到水泥地的作用力大

D. 掉在水泥地上，玻璃杯受到的冲量和掉在软泥地上一样大，但与水泥地的作用时间短，因而受到水泥地的作用力大

2. 质量是 0.1 kg 的球，以 5 m/s 的速度掉到水泥地面上后，又以同样大的速度向上跳起，动量的变化是多少？如果撞击地面的时间是 0.1 s，球对地面的平均作用力是多大？

3. 甲、乙两位同学静止在光滑的冰面上，甲推一下乙后，两个人都向相反方向滑去。已知甲的质量为 50 kg，乙的质量为 40 kg。甲的速率跟乙的速率之比是多大？

4. 质量是 10 g 的子弹，以 250 m/s 的速度射入质量为 90 g 且静止在光滑水平桌面上的木块，并留在木块中。子弹留在木块中后，木块获得的速度是多大？

第六章 振动 波 声学

本章导读

本章我们学习力在大小和方向上都改变的回复力作用下的运动——机械振动。在此基础上学习机械波的形成、传播、干涉、衍射等有关知识。最后我们学习声学的有关知识。

中国 5G

第一节 简谐运动

一、振动

在弹簧下端挂一个小球。拉一下小球，它就以原来的静止位置为中心上下做往复运动。物体(或物体的一部分)在某一中心位置附近所做的往复运动，叫作机械振动，通常简称为振动。

振动现象在自然界中是广泛存在的。钟摆的摆动，水中浮标的上下浮动，担物行走时扁担的颤动，树梢在微风中的摇摆，都是振动。一切发声的物体都在振动，地震是我们脚下大地的剧烈振动。

二、简谐运动

【研究弹簧振子的运动】

如图 6-1 所示，把一个有孔的小球安在弹簧的一端，弹簧的另一端固定，小球穿在光滑的水平杆上，可以在杆上滑动。小球和水平杆之间的摩擦忽略不计，弹簧的质量比小球的质量小得多，也可忽略不计，这样的系统称为弹簧振子。

小球静止在 O 点时，弹簧没有发生形变，对小球没有弹力的作用，O 点是小球的平衡位置，把小球拉到平衡位置右方的 A 点，然后放开，观察弹簧振子的振动情况。

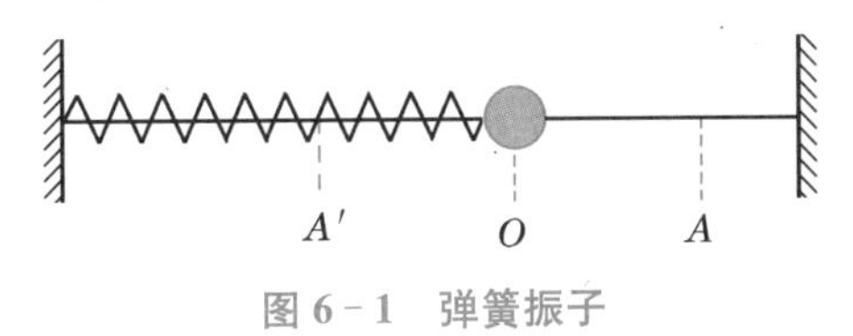

图 6-1　弹簧振子

由实验可以看到，小球以 O 点为中心在水平杆上做往复运动。小球由 A 点开始运动，经过 O 点运动到 A' 点，由 A' 点再经过 O 点回到 A 点，这时我们说振子完成了一次全振动。此后小球不停地重复这种往复运动。

小球在振动过程中，所受的重力和支持力平衡，对小球的运动没有影响，使小球发生振动的只有弹簧的弹力。弹力的大小跟位移大小成正比，方向跟小球偏离平衡位置的位移方向相反，总是指向平衡位置，它的作用是使小球能返回平衡位置，所以把这个力叫作回复力。这样的振动，叫作简谐运动。

简谐运动是最简单、最基本的机械振动。

三、简谐运动的描述

1. 振幅

振动物体总是在一定范围内运动的。在图 6-1 中，小球在水平杆上的 A 和 A' 点之间做往复运动,小球离开平衡位置的最大距离为 OA 或者 OA'。振动物体离开平衡位置的最大距离,叫作振动的**振幅**。在图 6-1 中,OA 或 OA' 的大小就是弹簧振子的振幅。振幅是表示振动强弱的物理量。

2. 周期和频率

实验表明。振动物体完成一次全振动所需的时间是一定的。这个时间叫作振动的**周期**。

单位时间内完成的全振动的次数,叫作振动的**频率**。

周期和频率都是表示振动快慢的物理量。周期越短,频率越大,表示振动越快。用 T 表示周期,用 f 表示频率,则有 $f=\frac{1}{T}$,$T=\frac{1}{f}$。在国际单位制中,周期的单位是秒,频率的单位是**赫兹**,简称**赫**,符号是 Hz,1 Hz=1 s^{-1}。

观察弹簧振子的运动可以发现,开始拉伸(或压缩)弹簧的程度不同,振动的振幅也就不同,但是对同一个振子,振动的频率(或周期)却是一定的。可见,简谐运动的频率与振幅无关。

物体振动的频率由振动系统本身的性质决定(如弹簧振子的频率由弹簧的劲度系数和小球的质量所决定),与振幅的大小无关,因此又叫作振动系统的**固有频率**。

第二节　单　摆

一、单摆

在图 6-2 中,如果悬挂小球的细线的伸缩和质量可以忽略,线长又比球的直径大得多,空气阻力也可以忽略,那么这样的装置就叫作**单摆**。单摆是实际摆的一种理想化模型。

【学生讨论】 单摆的回复力是由什么力提供的?

二、单摆运动的规律

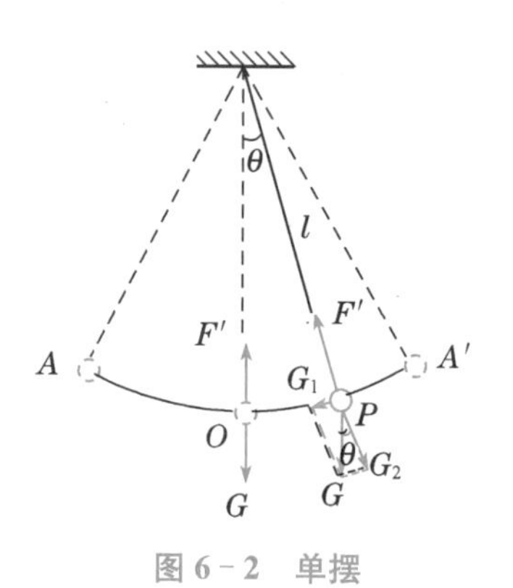

图 6-2　单摆

摆球静止在平衡位置 O 时,重力 G 和拉力 F' 彼此平衡,O 点是单摆的平衡位置。摆球偏离平衡位置以后,这两个力不再平衡(图 6-2)。重力 G 沿摆线方向的分力 G_2 与拉力 F' 的合力,提供摆球沿圆弧运动的向心力。重力 G 沿圆弧切线方向的分力 $G_1=mg\sin\theta$ 提供了使摆球振动的回复力。在偏角 θ 很小时,$\theta\approx\sin\theta$,$\sin\theta\approx\frac{x}{l}$,故单摆的回复力为

$$F=-\frac{mg}{l}x$$

其中 l 为摆长,x 为摆球偏离平衡位置的位移,负号表示回复力 F 与位移 x 的方向相反。对确定的单摆 m、g、l 都是常数,$\frac{mg}{l}$ 可以用一个常数表示,上式可以写成

$$F=-kx$$

可见，在偏角很小的情况下，单摆做简谐运动。

三、单摆的周期公式

不同的单摆，周期往往不同，那么单摆的周期跟哪些因素有关呢？跟摆球的质量有关吗？跟摆长、摆幅呢？下面我们用实验来研究这个问题。

探究实验

研究单摆的周期

取一个摆长约 1 m 的单摆(图 6－3)，在偏角很小(如 10°)的情况下，测出它振动一定次数(如 50 次)所用的时间，算出单摆的周期。在偏角更小的情况下，同样测出单摆的周期。实验表明，两次测出的周期是相等的。大量实验表明，单摆的周期跟单摆的振幅没有关系，这种性质叫作单摆的等时性。

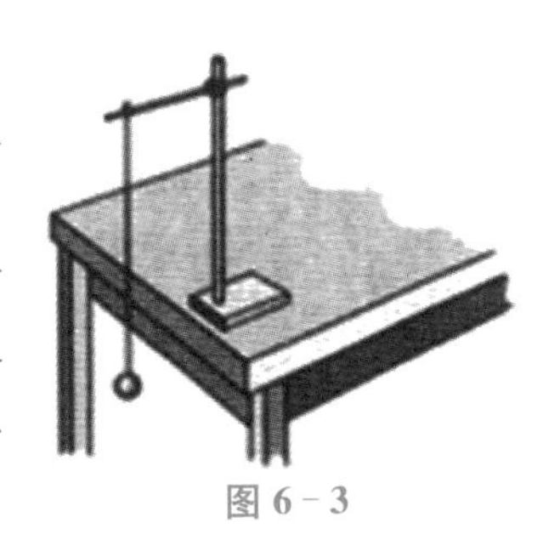

图 6－3

取摆长不同的单摆，分别测出它们的周期。实验表明，摆长越长，周期越大。

换用大小相同、质量不同的摆球，重做测定周期的实验。实验表明，单摆的周期跟摆球的质量没有关系。

荷兰物理学家惠更斯研究了单摆的振动，发现单摆做简谐运动的周期 T 跟摆长 l 二次方根成正比，跟重力加速度 g 的二次方根成反比，跟振幅、摆球的质量无关，并且确定了如下的单摆周期的公式：

$$T=2\pi\sqrt{\frac{l}{g}}$$

摆在实际中很有用。惠更斯利用摆的等时性发明了带摆的计时器(图 6－4)。由于摆钟上摆的周期可以通过改变摆长来调节，使用很方便。

图 6－4　摆钟

单摆的周期和摆长容易用实验的办法准确地测定出来，所以可利用单摆准确地测定各地的重力加速度。

做一做

周期是 2 s 的单摆通常叫作秒摆。g 取 $9.8\ m/s^2$,计算出秒摆的摆长。根据计算结果自制一个秒摆,并测一下它的周期是不是 2 s。

改变摆的振幅(偏角不要太大),看看它是否影响摆的周期。

改变摆球的质量,看看它是否影响摆的周期。

第三节　受迫振动　共振

一、简谐运动的能量转化

弹簧振子和单摆在振动过程中动能和势能不断地发生转化。在平衡位置时,动能最大,势能最小;在位移最大时,势能最大,动能为零。在任意时刻动能和势能的总和,就是振动系统的总机械能。弹簧振子和单摆是在弹力或重力的作用下发生振动的,如果不考虑摩擦和空气阻力,只有弹力或重力做功,那么,振动系统的机械能守恒。振动系统的机械能跟振幅有关,振幅越大,机械能就越大。

对简谐运动来说,一旦供给振动系统以一定的能量,使它开始振动,由于机械能守恒,它就以一定的振幅永不停息地振动下去。简谐运动是一种理想化的振动。

实际的振动系统不可避免地要受到摩擦和其他阻力,即受到阻尼的作用,系统克服阻尼的作用做功,系统的机械能就要损耗。系统的机械能随着时间逐渐减少,振动的振幅也逐渐减小,当机械能耗尽之时,振动就停下来了。这种振幅逐渐减小的振动,叫作阻尼振动。图 6－5 是阻尼振动的振动图像。阻尼振动不是简谐运动。

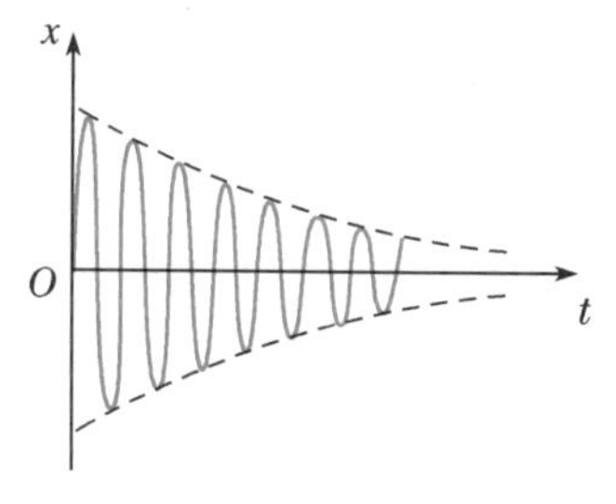

图 6－5　阻尼振动的图像

振动系统受到的阻尼越大,振幅减小得越快,振动停下来也越快。阻尼过大时,系统将不能发生振动。阻尼越小,振幅减小得越慢。在阻尼很小时,在一段不太长的时间内看不出振幅有明显的减小,就可以把振动系统作为简谐运动来处理,前面关于简谐运动的演示就属于这种情形。

二、受迫振动

阻尼振动最终要停下来,那么怎样才能得到持续的周期性振动呢?最简单的办法是用周期性的外力作用于振动系统,外力对系统做功,补偿系统的能量损耗。使系统持续地振动下来,这种周期性的外力叫作驱动力,物体在外界驱动力作用下的振动叫作受迫振动。人在跳板上走过时跳板发生的振动,机器底座在机器运转时发生的振动,都是受迫振动的实例。

受迫振动的频率跟什么有关呢?

演示实验

研究受迫振动

用图 6－6 所示的装置研究这个问题。匀速地转动把手时，把手给弹簧振子以驱动力，使振子做受迫振动。这个驱动力的周期跟把手转动的周期是相同的。用不同的转速匀速地转动把手，可以看到，振子做受迫振动的周期总等于驱动力的周期。

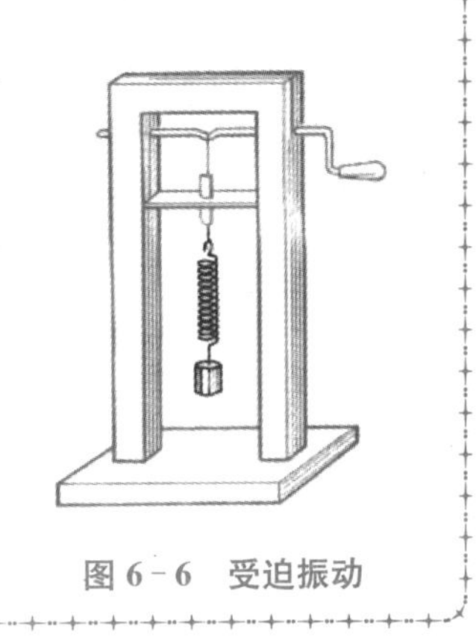

图 6－6 受迫振动

实验表明，物体做受迫振动时，振动稳定后的频率等于驱动力的频率，跟物体的固有频率没有关系。

三、共振

虽然物体做受迫振动的频率跟物体的固有频率无关，但是与驱动力频率接近系统的固有频率或与固有频率相差很大时，振动的情况也大为不同。我们用图 6－7 所示的装置来研究这个问题。

演示实验

观察摆共振

如图 6－7 所示，在一根张紧的绳子上挂几个摆，其中 A、B、C 的摆长相等。当 A 摆振动的时候，通过张紧的绳子给其他各摆施加驱动力，使其余各摆做受迫振动。这个驱动力的频率等于 A 摆的频率。

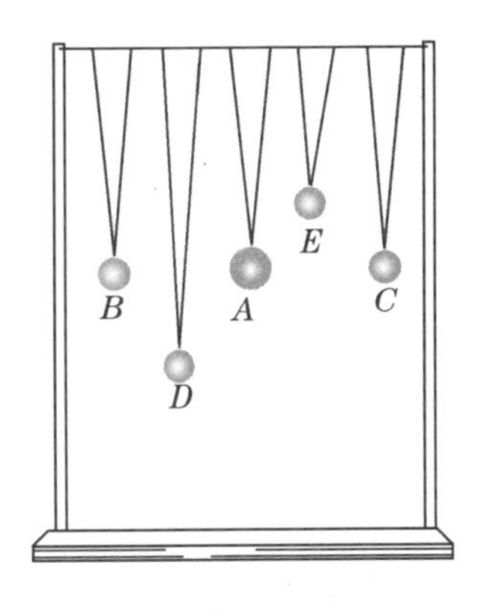

图 6－7

实验表明：固有频率跟驱动力频率相等的 B 摆和 C 摆，振幅最大；固有频率跟驱动力频率相差最大的 D 摆，振幅最小。

图 6－8 的曲线表示受迫振动的振幅 A 与驱动力的频率 f 的关系。可以看出：驱动力的频率 f 等于振动物体的固有频率 f_0 时，振幅最大；驱动力的频率 f 跟固有频率 f_0 相差越大，振幅越小。

驱动力的频率跟物体的固有频率相等时,受迫振动的振幅最大,这种现象叫作共振。

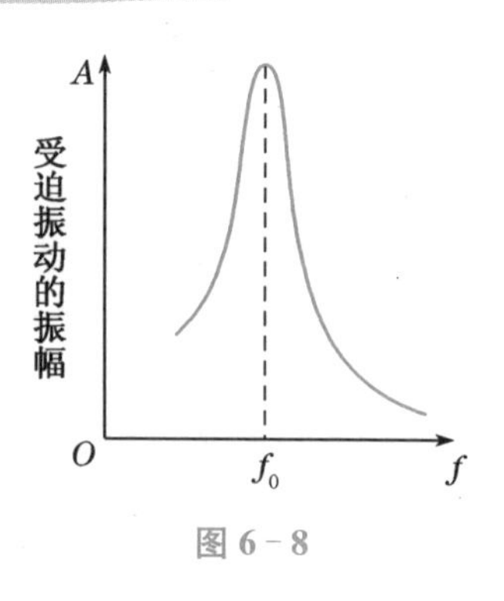

图 6-8

四、共振的应用和防止

生活中,我们用微波炉加热食品时,把食物放在容器里,往往要加入一点水,食物就会热得更快。这是因为我国生产的家用微波炉频率是 2 450 Hz,而食物中水分子振动的固有频率大约就是这个数值。微波是一种高频电磁场,它使食物中的水分子做受迫振动。由于驱动力的频率十分接近水分子的固有频率,水分子发生共振,振幅达到最大,振动能量最终成为食物分子热运动的能量,使食物升温。

在某些情况下,共振也可能造成损害。军队或火车过桥时,整齐的步伐或车轮对铁轨接头处的撞击对桥梁产生周期性的驱动力,如果驱动力的频率接近桥梁的固有频率,就可能使桥梁的振幅显著增大,致使桥梁发生断裂(图 6-9)。因此,部队过桥要用便步,这样不致产生周期性的驱动力。火车过桥要慢开,使驱动力的频率远小于桥梁的固有频率。

图 6-9　共振使桥断裂

轮船航行时,如果所受波浪冲击力的频率接近轮船左右摇摆的固有频率,可能使轮船倾覆。这时可以改变轮船的航向和速度,使波浪冲击力的频率远离轮船摇摆的固有频率。

总之,在需要利用共振时,应使驱动力的频率接近或等于振动物体的固有频率;在需要防止共振时,应使驱动力的频率与振动物体的固有频率不同,而且相差越大越好。

生活中的共振和减振

我国古代对共振早有了解。据《天中记》一书记载,晋初(公元 3 世纪)时,京城有户人家挂着的铜盘每天早晚轻轻自鸣两次,人们十分惊恐。学者张华判断,这是铜盘与皇宫早晚的钟声共鸣所致。后来把铜盘磨薄一些(改变固有频率),它就不再自鸣了。我国古代乐器的研制,也反映了当时人们对共振的认识。

共振在现代生活中有着许多应用。把一些不同长度的钢片装在同一个支架上,可以制作转速计。把这样的转速计与开动着的机器紧密接触,这时固有频率与机器转速一致的那个钢片发生共振,振幅最大。读出这个钢片的固有频率,就知道机器的转速。

第四节　机械波

一、波的形成和传播

我们先做下面实验，像图 6－10(a)那样，取一根较长的软绳，绳的一端被固定，用手拿着绳的另一端上下振动，可以看到，在手振动的这一端先形成一个凸起的状态，随后又形成一个凹落的状态，凸起的状态和凹落的状态在绳上从一端向另一端移动，绳上就形成了波。图 6－10(b)画出了每隔 1/4 周期绳上波形的变化情况。

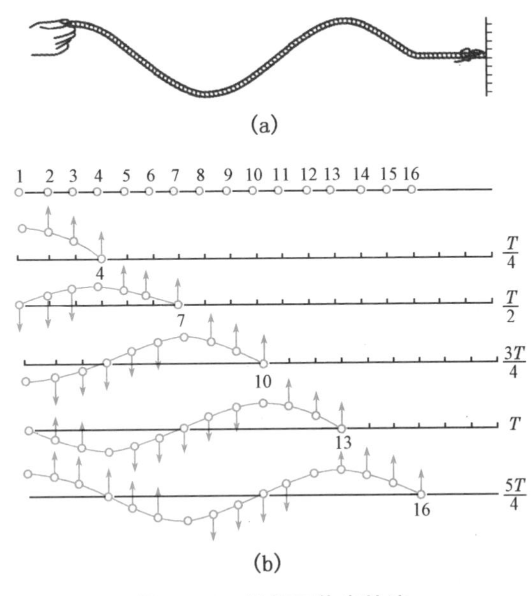

图 6－10　沿绳子传出的波

绳上的波是在绳上传播的，水波是在水中传播的，声波通常是在空气中传播的，地震波是在地壳中传播的，绳、弹簧、水、空气、地壳等借以传播波的物质，叫作**介质**，固体、液体、气体都能传播振动，它们都是产生波的介质。机械振动在介质中传播，形成机械波。

绳上最初振动的那一点，是波的起源，叫作**波源**。波源的振动影响了绳上相邻质点的运动，使它们也仿照波源的振动方式依次振动起来。所以，波的实质是振动在物质中的传播，而物质本身并不随波向前移动，物质中的各个质点只在各自的平衡位置附近往返振动，不随波发生迁移。例如绳上或弹簧上有波传播时，它们的质点发生振动，但质点并不随波而迁移，传播的只是振动这种运动形式。

介质中本来静止的质点，随着波的传来而发生振动，这表示它获得了能量。这个能量是从波源通过前面的质点依次传来的，所以波在传播振动这种运动形式的同时，也将波源的能量传递出去，波是传递能量的一种方式。

波不但传递能量，而且可以传递信息，我们用语言进行交流，是利用声波传递信息，广播、电视利用无线电波传递信息，光缆利用光波传递信息。

二、横波和纵波

在图 6－11 所示的波中，质点上下振动，波向右传播，二者的方向是垂直的，质点的振动方向跟波的传播方向垂直的波，叫作横波。在横波中，凸起的最高处叫作波峰，凹下的最低处叫作波谷。现在我们来看另一种波。

把一根长而软的螺旋弹簧竖直提起来，手有规律地上下振动(图 6－12)，可以看到弹簧上产生密集的部分和稀疏的部分，这种密部和疏部相间地自上而下传播，在弹簧上形成一列波。

我们可以把弹簧看作一列由弹力联系着的质点，手执弹簧上下振动起来以后，依次带动后面的各个质点上下振动起来，但后一个质点总比前一个质点迟一些开始振动，从整体上看形成疏密相间的波在弹簧上传播。

图 6－11　运动员依次下蹲、起立，看起来好像波浪在前进

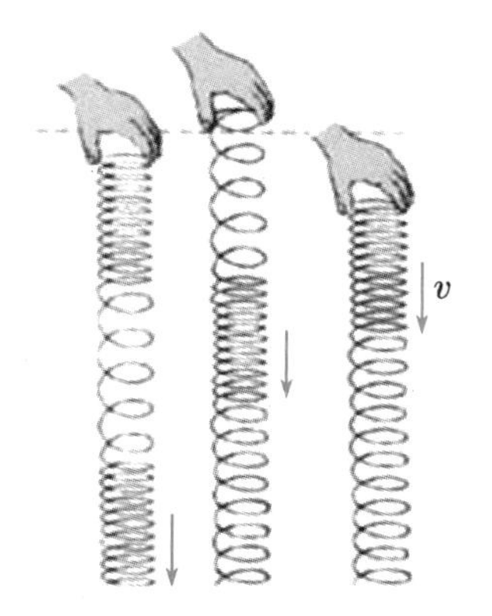

图 6－12　纵波的形成

在图 6－12 所示的波中，质点上下振动，波向下传播，二者的方向在同一直线上。质点的振动方向跟波的传播方向在同一直线上的波，叫作纵波。在纵波中，质点的分布最密的地方叫作密部，质点分布最疏的地方叫作疏部。

发声体振动时在空气中产生的声波是纵波，例如振动的音叉，它的叉向一侧振动时，压缩邻近的空气，使这部分空气变密，叉向另一侧振动时，这部分空气又变疏，这种疏密相间的状态向外传播，形成声波(图 6－13)，声波传入人耳，使鼓膜振动，就引起声音的感觉，声波不仅能在空气体传播，也能在液体、固体中传播。

图 6－13　声波

发生地震时，从地震波传出的地震波，既有横波，也有纵波。

三、波的描述

1. 频率

波是由波源的振动产生的，介质中各质点振动的频率都等于波源振动的频率，我们把这个频率叫作波的频率。波的频率通常用字母 f 来表示，单位是赫兹(Hz)。

波动频率的倒数叫作波动的周期，通常用字母 T 来表示，周期的单位是秒(s)。

人耳能听到的声波频率在 20 Hz～20 kHz 之间。男低音歌唱家发出的声音可以低到 65 Hz，而女高音歌唱家发出的声音则可以高达 1 160 Hz。

波的频率只取决于波源的振动情况，与介质无关。所以，波在不同介质中传播时，它的频率不变。

2. 波长

如图 6－14 表示一列横波，由于波动的周期性，各波峰(或波谷)振动的“步调”总是一致的。我们把相邻的两个波峰(或波谷)间的距离叫作波长。不仅是波峰(或波谷)的振动步调一致，A、B 两点，C、D 两点的振动步调也是一致的。这样，我们就可以更严格地说，在波动中，位移总是相等的两个相邻质点间的距离，叫作波长。波长通常用 λ 表示。

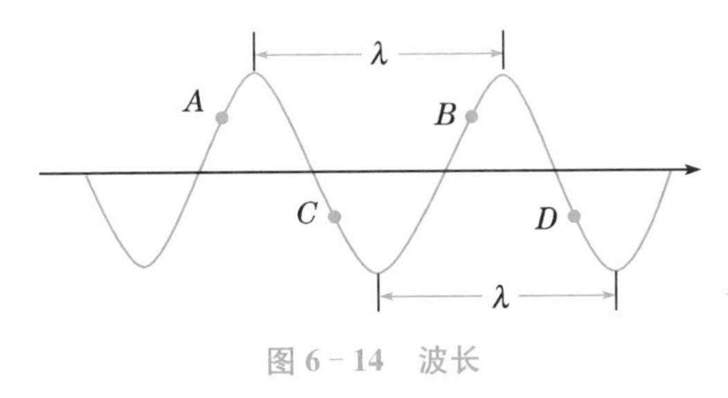

图 6－14　波长

3. 波速

从上面的分析中不难看出，在波动的一个周期内各质点的振动情况完全恢复原状，波传出一个波长的距离(见图 6－14)。因此，波速 v 等于波长除以周期，即

$$v=\frac{\lambda}{T}$$

或

$$v=\lambda f$$

以上的关系虽然是从机械波得到的，但是它对于以后要学习的电磁波、光波也是适用的。

机械波在介质中传播的速度由介质本身的性质决定，跟频率没有关系。即不同频率的波在同一介质中的传播速度相同，同一频率的波在不同介质中的波速不同。表 6－1 列出了 0 ℃时声波在几种介质中的传播速度。

表 6－1　0℃时几种介质中的声速

介质	声速/($m \cdot s^{-1}$)	介质	声速/($m \cdot s^{-1}$)
空气	332	玻璃	5 000～6 000
水	1 450	松木	3 200
铜	3 800	软木	430～530
铁	4 900	橡胶	30～50

另外，温度不同时，介质的特性有所变化，这时即使介质不变，波在其中的传播速度也

会改变。例如,声波在空气中的传播速度 10 ℃时是 336 m/s,15 ℃时是 340 m/s,20 ℃时是 344 m/s。

相同频率的波在不同介质中传播时,由于波的传播速度不同,而波的频率又不变,因而波长不同。

第五节　波的衍射和干涉

波有许多非常重要的特性,例如波的衍射和干涉,下面我们就先来学习波的衍射。

一、波的衍射

生活中常能见到这样的现象:人在墙下说话,在墙另一侧的人能听到说话声,即声波能够绕过墙而继续传播;水塘里的水波能够绕过水中的木块、石块等小障碍物继续传播。这种波绕过障碍物继续传播的现象,叫作波的衍射。

下面我们用实验来研究,在什么条件下能够发生明显的衍射现象。

演示实验

观察衍射现象

在水槽中放置两块挡板,使两挡板之间留一道狭缝(宽度跟波长差不多或更小),观察水波通过狭缝后怎样传播。

保持水波的波长不变。使狭缝逐渐变宽(远大于波长),观察波的传播情况有什么变化。

实验表明,在窄缝宽度跟波长相差不多的情况下,发生明显的衍射现象,水波绕到挡板后面继续传播(图 6 - 15 甲);在窄缝宽度比波长大得多的情况下,衍射现象不明显,在挡板后面留下了“阴影区”(图 6 - 15 乙),同光被障碍物遮挡后产生阴影的情况相似。

甲

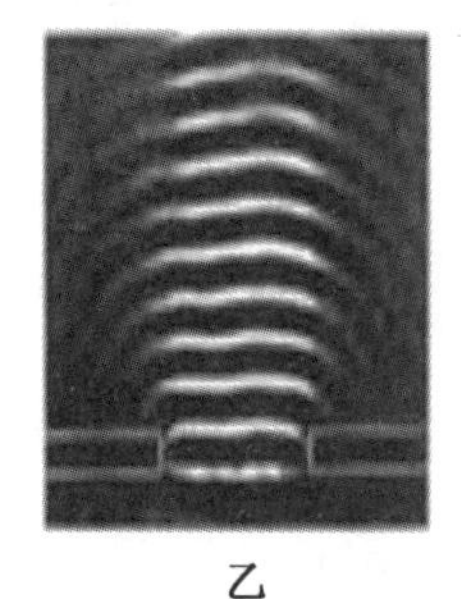

乙

图 6 - 15　衍射现象

研究表明,只有缝、孔的宽度或障碍物的尺寸跟波长相差不多,或者比波长更小时,才能发生明显的衍射现象。

声波的波长在 1.7 cm～17 m 之间，跟一般障碍物的尺寸相比差不多，所以声波能绕过障碍物，使我们听到障碍物另一侧的声音。所谓的“闻其声而不见其人”就是声波的衍射现象。后面我们将会学到，光也是一种波，光波的波长约在 0.4 μm～0.6 μm 的范围内，跟一般障碍物的尺寸相比非常小，所以在通常的情况下看不到光的衍射现象。

一切波都能发生衍射。衍射是波特有的现象。

我们后面要学习的超声波，由于频率很高，波长很短，传播过程中的衍射现象一般不明显，可以认为是沿直线传播的。这样就可以用超声波来定位，检查钢铁制品中的砂眼、人体脏器中的病变等。

二、波的干涉

波的叠加　在介质中常常有几列波同时传播，例如把两块石子在不同的地方投入池塘的水里，就有两列波在水面上传播，两列波相遇时，会不会像两个小球相碰时那样，都改变原来的运动状态呢？

演示实验

波的叠加

在一根水平长绳的两端分别向上抖动一下，就分别有两个凸起状态 1 和 2 在绳上相向传播（图 6－16 甲），我们看到，两列波相遇后，彼此穿过，继续传播，波的形状和传播的情形都跟相遇前一样（图 6－16 戊），也就是说，相遇后，它们都保持各自的运动状态，彼此都没有受到影响。

仔细观察两列相遇的水波，也可以看到两列水波相遇后，彼此穿过，仍然保持各自的运动状态继续传播，就像没有跟另一列水波相遇一样。

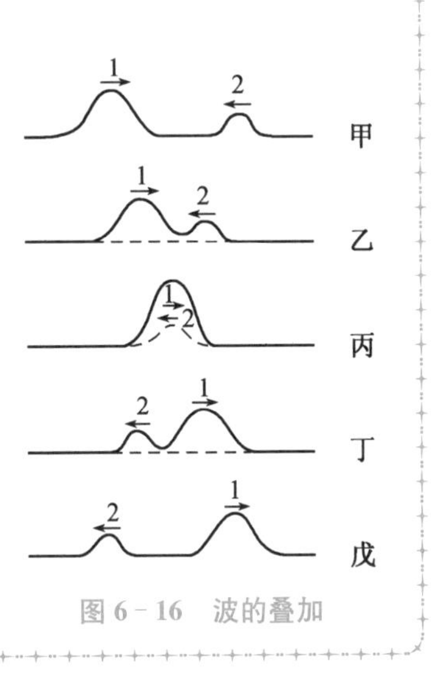

图 6－16　波的叠加

实验表明，几列波相遇时能够保持各自的运动状态，不互相干扰，继续传播，在它们重叠的区域里，介质的质点同时参与这几列波引起的振动，质点的位移等于这几列波单独传播时引起的位移的矢量和（图 6－16 丙）。

波的干涉　两列相同的波相遇时，在它们重叠的区域里会发生什么现象呢？

演示实验

波的干涉

把两根金属丝固定在同一个振动片上，当振动片振动时，两根金属丝周期性地触动水面，形成两个波源。这两个波源的振动频率和振动步调相同，它们发出的波是频率相同的波。

这两列波相遇后，在它们重叠的区域会形成如图 6－17 所示的图样。在振动着的水面上，出现了一条条从两个波源中间伸展出来的相对平静的区域和激烈振动的区域，这两种区域在水面上的位置是固定的，而且相互隔开。

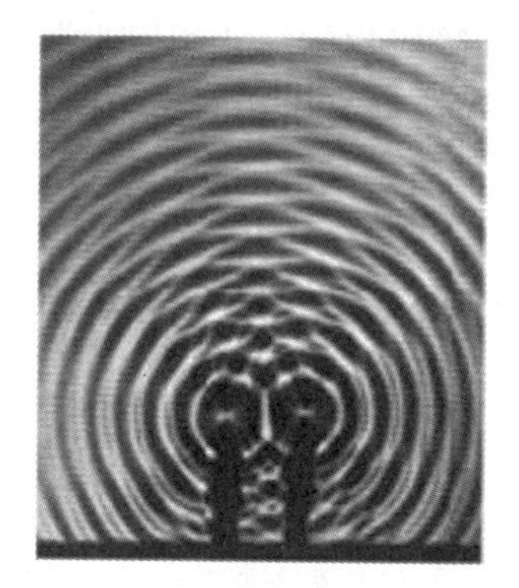

图 6－17　水槽中水波的干涉

怎样解释上面观察到的现象呢？如图 6－18 所示，用两组同心圆表示从波源发出的两列波的波面，实线表示波峰，虚线表示波谷，实线与虚线间的距离等于半个波长，实线与实线、虚线与虚线之间的距离等于一个波长。

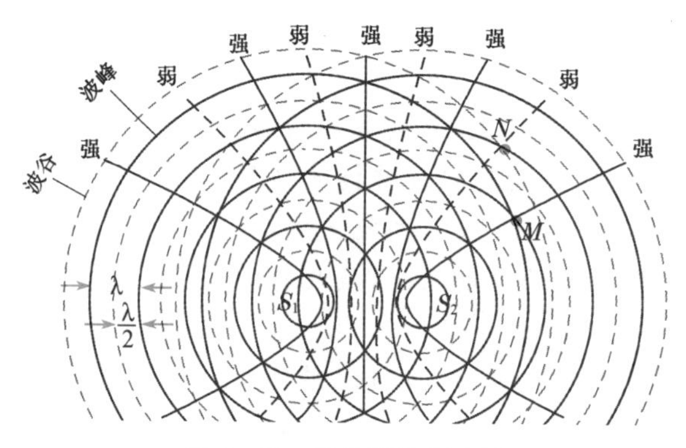

图 6－18　波的干涉示意图

如果在某一时刻，在水面上的某一点（如图中的 M 点）是两列波的波峰和波峰相遇，经过半个周期，就变成波谷和波谷相遇，波峰和波峰相遇时，质点的位移最大，等于两列波的振幅之和，波谷和波谷相遇时，质点的位移也是最大，也等于两列波的振幅之和，在这一点，两列波引起的振动始终是加强的，质点的振动最激烈，振动的振幅等于两列波的振幅之和。

如果在某一时刻，在水面上的某一点（如图中的 N 点）是两列波的波峰和波谷相遇，经过半个周期，就变成波谷和波峰相遇，在这一点，两列波引起的振动始终是减弱的，质点振动的振幅等于两个列波的振幅之差，如果两列波的振幅相同，质点振动的振幅就等于零，水面保持平静。

图 6－18 中实线与实线的交点，或者虚线与虚线的交点，为振动的加强区，它们连成的区域用粗实线画出，实线与虚线的交点为振动的减弱区，它们连成的区域用粗虚线画

出，从图中可以看出，情况跟实验结果是一致的。

可见，频率相同的两列波叠加，使某些区域的振动加强，某些区域的振动减弱，而且振动加强的区域和振动减弱的区域相互隔开，这种现象叫作波的干涉，所形成的图样叫作干涉图样。

产生干涉的一个必要条件是，两列波的频率必须相同，如果两列波的频率不同，相互叠加时水面上各个质点的振幅是随时间而变化的。没有振动总是加强或减弱的区域，因而不能产生稳定的干涉现象，不能形成干涉图样。

声波也能发生干涉。在操场上安装两个相同的扬声器，它们由同一个声源带动，发出相同频率的声音时，也会出现声波的干涉，即在扬声器周围出现稳定的振动加强区和减弱区。在加强区，空气的振动加强，我们听到的声音强；在减弱区，空气的振动减弱，我们听到的声音弱，如果有条件，可以试一试。

不仅水波和声波，一切波都能发生干涉，如衍射一样，干涉也是波特有的现象。

第六节　声　学

自然界有各种各样的声音，为什么有的声音好听，有的声音难听？

一、声音的产生——声波

人类生活离不开声音，人们用语言和音乐来表达思想和感情，用声音来传递和获取各种信息。大量实验表明：每种声音都是由物质的振动所产生的。

能够发声的物体称为声源。不仅固体振动能发声，液体和气体振动也能发声。例如，打击乐器和弹拨乐器（前者如鼓、锣，后者如琵琶、吉他、二胡、提琴等）是靠面板或弦的振动发声的，而哨子和管乐器（如笛子、箫）是靠空气柱的振动发声的。往空试管的开口上方吹气，管里的空气柱振动时，也会发出声来。声源发生振动会引起四周空气振荡，这种振荡方式就产生了声音。当声波传入人耳，引起鼓膜振动，就听到了声音。

讨论："风声、雨声、读书声，声声入耳"中的声源分别指什么？

实验表明，固体、液体、气体都能传声。通常我们听到的声音是从空气中传来的。但许多固体和液体的传声性比气体好，因此从这些固体和液体传来的声音听起来比从空气中传来的更清楚。只有疏松的物质（如棉花、毛毯、泡沫塑料和软木等）是传声性能差的物质。因此，当需要使房间隔音时，就用这类物质做隔音材料。

真空中不能传递声音。因为没有传声的介质，声源的振动不能在真空中形成声波。

声波的传播速度跟介质的性质有关。在15 ℃的空气里声速为340 m/s。声波在水中的传播速度大约是空气中的4.5倍，在金属中的传播速度更大。表6－1中列出的是0 ℃时几种介质中的声速。

二、乐音三要素

1. 乐音和噪声

有的声音悦耳动听，有的声音却令人感到难受，前一种声音，如各种乐器演奏发出的声音和歌唱家的歌声，叫作乐音；后一种声音，如用小刀刮玻璃发出的声音，叫作噪声。用示波器可以从荧光屏上看到各种声音的振动图像。可以看出，它们的主要区别：乐音的振动是有规则的、周期性的；噪声的振动是无规则的、非周期性的(图 6－19)。这表明，当声源的振动是有规则的、周期性的时候，产生的声音就是乐音；当声源的振动是无规则的、非周期性的时候，产生的声音就是噪声。

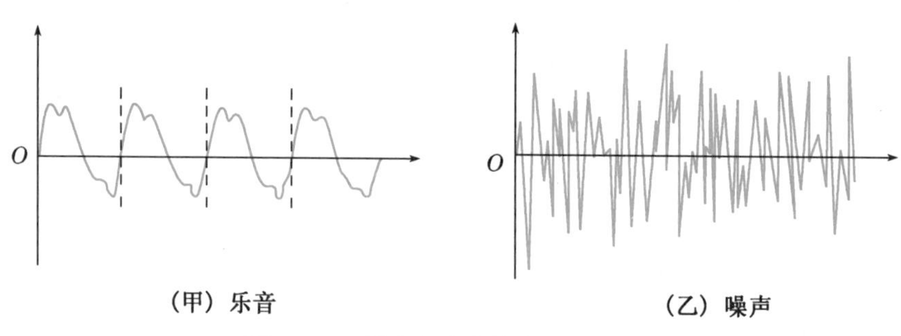

图 6－19　乐音和噪声的声源振动不同

当然，同是乐音也有区别。我们知道，声音不仅有高低的不同，还有强弱的差别；此外还有一种差别，即来自不同的声源，例如一个是钢琴声，一个是笛子声，听起来也不同。所以，乐音有三种不同的特性。在声乐学中用音调、响度和音色来描述，这叫作乐音的三要素。

2. 音调

音调就是声音的高低。音调不同的声源，它们的振动有什么区别呢？如图 6－20 所示，把钢尺一端压在桌子上，使另一端伸出到桌面的外面。拨动尺子的顶端，使尺子振动，它就发出声音。多做几次实验，每次实验时使尺子露出桌外部分的长度一次比一次短，它们的振动频率一次比一次大，就会听到它们发出声音的音调一次比一次高。这表明，音调的高低是由声源的振动频率决定的，图 6－20 拨动钢尺频率，音调高；频率小，音调低。

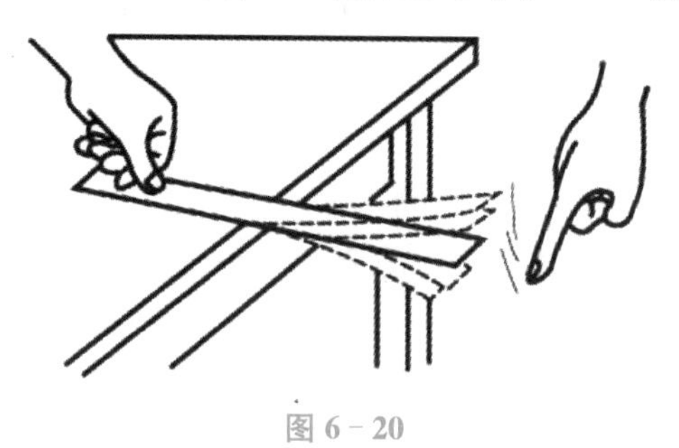

图 6－20

3. 响度

响度是人们主观感觉到的声音的强弱。

轻轻弹琴弦，它发出的声音弱；用力弹琴弦，它发出的声音强。注意观察可以看出，琴弦振幅大时发声强，振幅小时发声弱。

4. 音色

不同的乐器发出同样音调和响度的声音，仍然有差别。音叉的声音最单纯，是只有一种频率的纯音，而各种乐器发出的不是纯音，而是由频率和振幅各不相同的许多纯音组成的复音。例如，频率为 100 Hz 的钢琴声是由 16 个纯音组成的。其中最低的是 100 Hz，叫作基音，其余的频率分别为 200 Hz、300 Hz 等，这些频率比基音高（是基音的整数倍）的音，叫作泛音。频率为 100 Hz 的黑管声，则是由 10 个纯音组成的，其中有频率为 100 Hz 的基音和 9 个泛音。音色是由泛音的多少、泛音的频率和振幅决定的。

探究实验

玻璃杯打击乐

准备：同样的玻璃杯七只，硬木小棍一根，颜色水一瓶。

玩法：

(1) 逐个敲打玻璃杯，让同伴听声音。说说它们发出的声音是否一样。（听到的声音差不多是一样的。）

(2) 在玻璃杯内放不同量的水，使成阶梯形，再逐个敲打，发现：水多音调低，水少音调高；水量成阶梯形，声音也从低逐渐升高了。

提示：相同的玻璃杯内注入不同量的水，改变了它的固有频率，就能发出不同音调的声音来。

三、反射与吸收

我们要向远处的人传话，往往把手合在嘴边喊叫，这样实际上就组成了一个喇叭形的传声筒。为什么用传声筒能把声音传得远呢？这是因为声音的传播也是能量的传播。人们利用了声音具有反射的特点，即声波遇到障碍物，就会产生反射。传声筒呈喇叭形状，当人们喊叫时，部分声波传到筒壁，经筒壁反射，使声波向传声筒喇叭出口处反射，这样就使声音向出口处集中传播，当然也就传得远了。

我们讲话时发出的声音，在碰到障碍物时要反射回来。反射回来的声音传到耳朵里，就是回声。如果回声到达人耳比原来的声音滞后 0.1 s 以上，我们就能够把回声和原来的声音区分开。所以如果已知远处障碍物的距离，测出回声滞后的时间，就可以测出声速。反过来，已知声速和回声的滞后时间，也可以测量障碍物和我们之间的距离。

声音像皮球一样，并不是能从一切物体的表面反射回来，皮球很容易从坚硬的表面弹回，但皮球很难从松软的物体表面弹回来。声音也是这样，它碰到坚硬的表面会反射过来，而碰到松软的表面就不行了。从坚硬的表面反射回的声音形成回声，碰到松软表面声音便被吸收了。某些地方需要尽可能保持安静。厚的地毯、窗帘以及隔音砖，可以有助于降低音量，这些材料可以防止回声而把声音吸收掉。

声音的反射是很普遍的现象。在空的大厅里或者山谷里喊叫，往往都能听到回声。在炎热的夏天，突然乌云密布，一个闪电接着带来隆隆不绝的雷声，这是因为光速大于声速的原因。但雷声为什么会隆隆不绝呢？因为雷声在天空中传播有时会碰到云层，雷声不断地在云层之间反复发射，多次传到地面，就造成了雷声隆隆。

在影剧院、音乐厅里，如果有了这样反复引起的回声，就会使人们听不清音乐和播音。所以影剧院和音乐厅里面的墙面往往做得粗糙不平，或者用吸音材料装饰墙面，这样就可以有效地避免回声干扰。在电影厂、广播电台、电视台里，为了保证录音的音响效果，避免杂音，往往专门建造录音棚或录音室，从墙壁到房顶都用吸音材料制成，连地板也要铺上地毯。使声音的反射减到最低限度的实验室，叫消声室。处理好各种不同建筑物的声音效果，是建筑师的重要职责。

四、次声波与超声波

你知道蝙蝠在漆黑的夜晚飞行靠的不是眼睛而是耳朵吗？聪明可爱的海豚又靠什么给船只领航呢？我们可以听到蜜蜂或苍蝇在面前飞过时发出的嗡嗡声，却听不到蝴蝶在空气中飞行的声音，这是为什么呢？

人对声音的感觉有一定的频率范围，每秒钟振动 20～20 000 次，即频率范围是 20～20 000 Hz。如果物体振动频率低于 20 Hz 或高于 20 000 Hz，人耳就听不到了。高于 20 000 Hz 的声波就叫作**超声波**，而低于 20 Hz 的声波就叫作**次声波**。所以说不是所有物体振动所发出的声音我们都能听到。

1. 超声波

超声波具有能量大、方向性好两大特点，因此超声波在生活中有着广泛的应用。

如果把超声波通入水罐中，剧烈的振动会使罐中的水破碎成许多小雾滴，再用小风扇把雾滴吹入室内，就可以增加室内空气的湿度，这就是超声波加湿器的原理。如咽喉炎、气管炎等疾病，很难利用血流使药物到达患病的部位，利用加湿器的原理，把药液雾化，让病人吸入，就能够提高疗效。利用超声波巨大的能量还可以使人体内的结石做剧烈的受迫振动而破碎，从而减缓病痛，达到治愈的目的。超声波的高频率振动还能破坏细菌结构，对物品进行杀菌消毒。

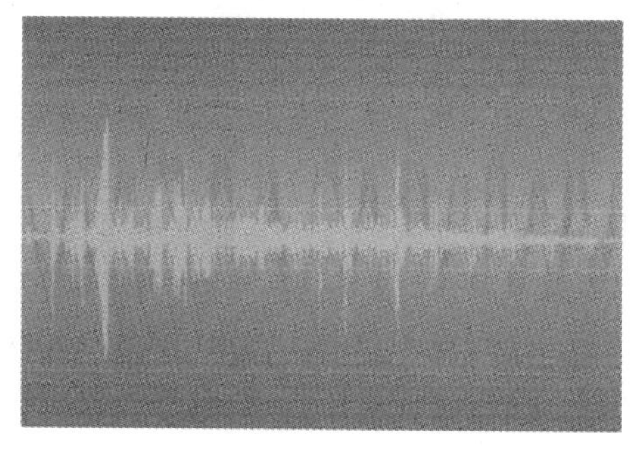

图 6－21　超声波图像

超声波会连续不断地产生瞬间高压强烈冲击物件表面，使物体表面及缝隙中的污垢迅速剥落，从而达到物体表面清洁净化的目的。因此，可以用超声波清洗金属、玻璃等制品上较难处理的污垢，精细的电子零件、繁复的首饰也可以用超声波来清洗。

蝙蝠、海豚等许多动物都有完善的超声波发射和接收的器官，这些器官实际上就是一部“雷达”。现代最先进的无线电雷达与动物的这些“雷达”相比，无论在重量、确定目标方位角的灵敏度、抗干扰的能力等方面都是无法比拟的。在雷达的研究方面，蝙蝠、海豚等生物给了人们很大的启示，雷达是现代仿生学的研究成果之一。

人们还根据蝙蝠、海豚等生物的启示制造了声呐——水声测位仪。声呐既能发出短促的超声波脉冲又能接收到被潜艇、鱼群、暗礁或海底反射回的超声波，根据反射波滞后的时间和波速，就可以确定潜艇、鱼群、暗礁的位置或海底的深度(图 6　22)。现代战争广泛使用的舰载直升机都装备了最先进的声呐，用它搜索和发现敌方潜艇，用深水炸弹将其击毁，达到克敌制胜的目的。

图 6 - 22　声呐定位

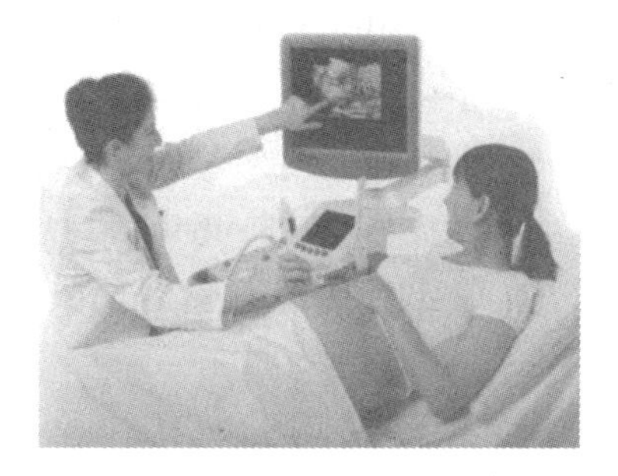
图 6 - 23　医学超声波检查

在医学方面，超声波也得到广泛的利用。人体各个内脏的表面对超声波的反射能力是不同的，健康内脏和病变内脏的反射能力也不一样。像医院常用的 B 超和 C 超，都是利用超声波的反射现象制成的，它可以探查人体内部肿瘤、结石和其他情况，帮助医生分析人体内的病变状况。

2. 次声波

在自然界和人类活动中广泛存在着次声波。自然界中，海上风暴、火山爆发、大陨石落地、海啸、电闪雷鸣、波浪击岸、水中漩涡、空中湍流、龙卷风、磁暴、极光等都伴有次声波的发生；人类活动中，诸如核爆炸、导弹飞行、火炮发射、轮船航行、汽车急驰、高楼和大桥摇晃，甚至像鼓风机、搅拌机、扩音喇叭等也都能产生次声波。人们正是通过次声波引发的破坏现象逐步认识它的神奇威力的。次声波具有极强的穿透力，不仅可以穿透大气、海水、土壤，而且还能穿透坚固的钢筋水泥构成的建筑物，甚至连坦克、军舰、潜艇和飞机都不在话下。

次声波穿透人体时，不仅能使人产生头晕、烦躁、耳鸣、恶心心悸、视物模糊、吞咽困难、胃痛、肝功能失调、四肢麻木，而且还可能破坏大脑神经系统，造成大脑组织的重大损失。次声波对心脏影响最为严重，最终可导致死亡。近年来，一些国家利用次声能够“杀人”这一特性，致力次声武器——次炸弹的研制。尽管眼下尚处于研制阶段，但科学家们预言：只要次声炸弹一声爆炸，瞬息之间，在方圆十几千米的地面上，所有的人都将被杀死。次声武器能够穿透 15 cm 厚的混凝土和坦克钢板。人即使躲到防空洞或钻进坦克的“肚子”里，也还是一样地难逃厄运。次声炸弹和中子弹一样，只杀生物而无损建筑物。但两者相比，次声炸弹的杀伤力远比中子弹强得多。

图 6 - 24　强大的次声波

次声波的传播速度和可闻声波相同。由于次声波频率很低，大气对其吸收甚小，当次声波传播几千千米时，其吸收还不到万分之几，所以它传播的距离较远，能传到几千米至十几万千米以外。1883年8月,南苏门答腊岛和爪哇岛之间的克拉卡托火山爆发,产生的次声波绕地球三圈,全长十多万公里(千米),历时108小时。1961年,苏联在北极圈内新地岛进行核试验激起的次声波绕地球转了五圈。

次声波具有很强的破坏性,为了减少次声波造成的危害,人们建立了次声波监测站,可以探知数千公里之外的核试验和导弹发射,可以探知台风的移动速度及由地震引起的海啸等破坏性很强的人为与自然灾害,以便及时采取措施来减小它们造成的危害。狗、老鼠、猫等动物对次声波都特别敏感,大地震前的小震发出的次声波它们都能听到,所以,大地震前它们都出现焦躁不安的现象,依据这些动物的异常表现,也能预见到大地震的发生。

声音的多普勒效应

我们可曾有这样的体验:当一辆长鸣着喇叭的汽车从我们身边飞驰而过的时候,汽车驶近时,喇叭声变尖;汽车远离时,喇叭声变粗。这是为什么呢?

其实早在1842年,奥地利数学家、物理学家多普勒就对这个物理现象进行了研究。一天,他正路过铁路交叉处,恰逢一列火车从他身旁驶过。他发现火车从远而近时汽笛音调变高,而火车从近而远时汽笛音调变低。通过研究,多普勒发现这是由于振源与观察者之间存在着相对运动,使观察者听到的声音频率发生变化,从而导致音调会发生变化。当声源离观测者而去时,声波的波长增加,音调变得低沉,当声源接近观测者时,声波的波长减小,音调就变高。后人把这种现象称为“多普勒效应”。

在医学上,声波的多普勒效应可以用于诊断,也就是我们平常说的彩超。简单地说,彩超就是高清晰度的黑白B超再加上彩色多普勒。为了检查血液流动速度,可以通过发射超声来实现。超声波振源与相对运动的血液间就产生多普勒效应,血管向着超声源运动时,反射波的波长被压缩,因而频率增加;血管离开声源运动时,反射波的波长变长,因而在单位时间里频率减少。反射波频率增加或减少的量,是与血液流动速度成正比。

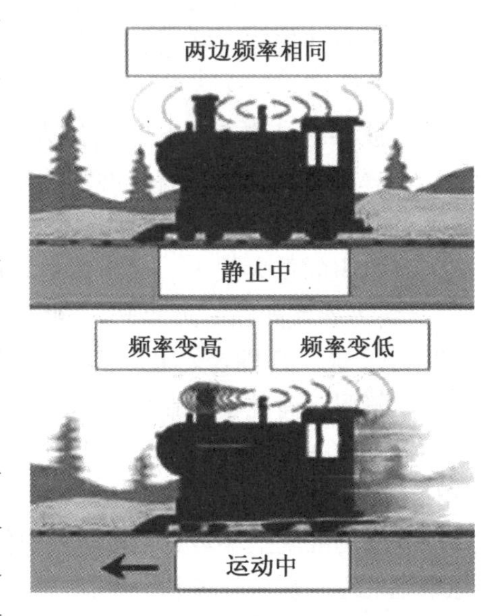

图6-25 声音的多普勒效应

在测速方面,交通警察向行进中的车辆发射频率已知的超声波,同时测量反射波的频率,根据反射波的频率变化的多少就能知道车辆的速度。装有多普勒测速仪的监视器有时就装在路的上方,在测速的同时把车辆牌号拍摄下来,并把测得的速度自动打印在照片上。

多普勒效应不仅仅适用于声波，它也适用于所有类型的波，包括电磁波。天文学家哈勃根据多普勒效应得出宇宙正在膨胀的结论。

实验六 用单摆测定重力加速度

【实验目的】

用单摆测定当地重力加速度。

【实验原理】

单摆做简谐运动时，其周期为 $T=2\pi\sqrt{\frac{l}{g}}$，故有 $g=4\pi^2\frac{l}{T^2}$。因此测出单摆的摆长 l 和动周期 T，就可以求出当地的重力加速度 g 的数值。

【实验器材】

带孔小钢球两个、长约 1 m 的细线、带铁夹的铁架台、停表、游标卡尺、米尺。

【实验步骤】

(1) 让细线的一端穿过摆球的小孔，然后打一个比小孔大的线结，制成一个单摆。

(2) 线的另一端用铁夹固定在铁架台上(图 6 - 26)，把铁架台放在实验桌边，使铁夹伸到桌面以外，让摆球自由下垂。

(3) 用米尺量出悬线长度 $l_{线}$，用刻度尺测量出摆球的直径 d，摆长为 $l=l_{线}+d/2$。

(4) 把单摆从平衡位置拉开一个很小的角度(不超过 5°)后释放，为了使摆球只在一个竖直平面内摆动，释放摆球时不要发生旋转，使单摆做简谐运动。

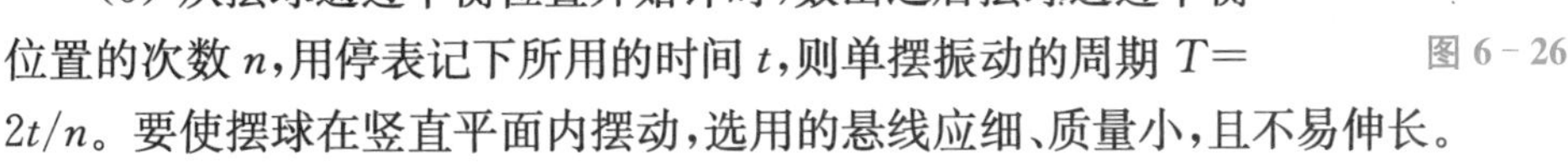

图 6 - 26

(5) 从摆球通过平衡位置开始计时，数出之后摆球通过平衡位置的次数 n，用停表记下所用的时间 t，则单摆振动的周期 $T=2t/n$。要使摆球在竖直平面内摆动，选用的悬线应细、质量小，且不易伸长。

(6) 根据单摆的周期公式，计算出重力加速度。

(7) 变更摆长，重做几次实验，计算出每次实验得到的重力加速度。求出几次实验得到的重力加速度的平均值，即可看作本地区的重力加速度。

(8) 可以多做几次实验，由几组 l、T 值作出 T^2-l 图像，利用图像的斜率，算出重力加速度。

本章小结

本章学习了振动、波和声学相关内容。

机械振动:物体(或物体的一部分)在某一中心位置附近所做的往复运动。

振幅:振动物体离开平衡位置的最大距离,振幅是表示振动强弱的物理量。

周期:振动物体完成一次全振动所需的时间。用 T 表示,单位是秒。

频率:单位时间内完成的全振动的次数。用 f 表示,单位是赫兹,简称赫,符号是 Hz。

周期和频率都是表示振动快慢的物理量,它们的关系:$f=\frac{1}{T}$,$T=\frac{1}{f}$。

单摆:指线长比球的直径大得多,空气阻力也可以忽略的装置。

单摆周期的公式:$T=2\pi\sqrt{\frac{l}{g}}$。

共振:驱动力的频率跟物体的固有频率相等时,受迫振动的振幅最大的现象。

机械波:振动在介质中的传播形成了机械波。有横波和纵波两种。

波速:振动的传播速度。

波长:波源在一个周期中振动传出的距离。

波速、波长与周期(频率)的关系:$v=f\lambda=\lambda/T$

乐音的三要素:音调、响度和音色。

声音可以被反射(回声)和吸收,产生明显的衍射。

产生明显衍射的条件:缝、孔的宽度或障碍物的尺寸跟波长相差不多,或者比波长更小。

超声波:频率高于 20 000 Hz 的声波。

次声波: 频率低于 20 Hz 的声波。

习　题

习题 6－1

1. 有的同学说:“振动物体完成一次全振动就是从平衡位置的最左端运动到平衡位置的最右端。”这种说法对吗? 为什么?

2. 关于简谐运动,下列说法中正确的是 (　　)

A. 回复力的大小总是相等

B. 回复力的方向总是不变

C. 回复力的方向总是与速度方向一致

D. 回复力的大小与振动物体离开平衡位置的位移成正比,回复力的方向与位移方向相反

3. 图 6－1 中的弹簧振子在由 A 点到 O 点的运动过程中，关于它的运动情况，下列说法中正确的是　　（　　）

A. 做匀加速运动

B. 做加速度不断减小的加速运动

C. 做加速度不断增大的加速运动

D. 做加速度不断减小的减速运动

E. 做加速度不断增大的减速运动

4. 图 6－1 中弹簧振子的振幅是 2 cm，完成一次全振动，小球通过的路程是多少？如果频率是 5 Hz，小球每秒通过的路程是多少？

5. 弹簧振子的振幅增大为原来的 2 倍时，下列说法中正确的是　　（　　）

A. 周期增大为原来的 2 倍

B. 周期减小为原来的$\frac{1}{2}$

C. 周期不变

习题 6－2

1. 单摆原来的周期是 2 s，在下列情况下，周期有无变化，如有变化，变为多少？

(1) 摆长减为原长的 1/4；

(2) 摆球的质量减为原来的 1/4；

(3) 振幅减为原来的 1/4；

(4) 重力加速度减为原来的 1/4。

2. 用摆长为 24.6 cm 的单摆测定某地的重力加速度，测得完成 120 次全振动所用的时间为 120 s，求该地的重力加速度。

习题 6－3

汽车的车身是装在弹簧上的，这个系统的固有周期是 1.5 s。汽车在一条起伏不平的路上行驶。路上各凸起处大约都相隔 6 m，汽车以多大速度行驶时，车身上下颠簸得最剧烈？

习题 6－4

以 3 Hz 的频率抖动绳的一端，产生如图 6－27 所示的横波。求该波的周期、波长和波速。

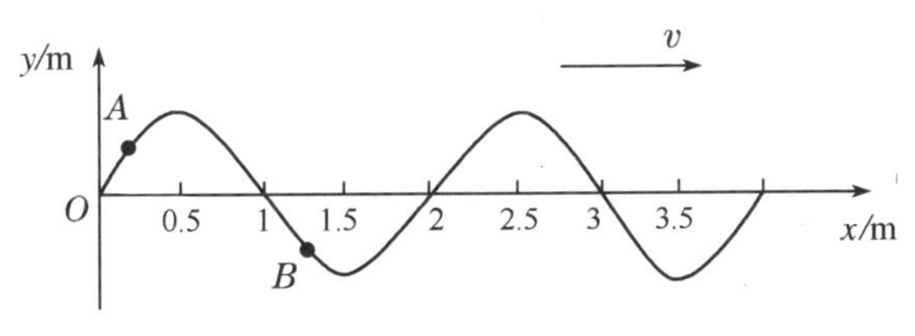

图 6－27

习题 6－5

1. 插在水中的细棒对水波的传播没有影响，这是波的________现象；在墙外听到墙内人讲话，这是波的________现象；一个人在两个由同一声源带动的扬声器之间走动时，听到的声音时强时弱，这是波的______现象。

2. 大山间的狭缝宽 2 m。传播速度为 340 m/s，频率分别为 1 700 Hz 和 170 Hz 的两列声波，哪一列声波通过狭缝发生的衍射现象更明显？

3. 当两列水波发生干涉时，如果两列波的波峰在 P 点相遇，下列说法正确的是 （　　）

A. 质点 P 的振动始终是加强的

B. 质点 P 的振幅最大

C. 质点 P 的位移始终最大

D. 质点 P 的位移有时为零

4. 下列现象反映了声音的什么特征？

(1) 空山不见人，但闻鸟语响；(2) 余音绕梁，三日不绝；(3) 雷声轰鸣不断。

5. 人在矮墙外讲话，在墙里可以听见声音，这是什么现象？人在高大的楼前讲话，在楼后为什么听不见声音？

习题 6－6

1. 人们为了保护嗓子使用便携式扩音机讲话，主要是为了 （　　）

A. 提高说话者的音调

B. 改变说话者的音色

C. 增大声音的响度

2. 频率是 1 000 Hz 的声音，从空气传入水中，它的频率变不变？它的波长变不变？变大还是变小？变多少？(假定温度是 0 ℃)

3. 相对于乐音而言，噪声给人们的生活带来了很多危害。小明同学住的楼房附近正在建造一座新的高楼，车声、工地施工的声音日夜不停，十分嘈杂刺耳。你帮小明想一想，应当采取什么措施来减小噪声对他的学习和生活的影响。

4. 某音叉的振动频率为 440 Hz，已知声波在空气中的传播速度为 340 m/s，求这声波的波长。

第七章 热力学 物质三态

本章导读

热现象与我们的生活有着十分密切的关系。本章我们主要学习分子动理论。掌握分子、分子力、分子势能、物体内能的概念。掌握分子的热运动、物体内能改变的规律。理解热和功的关系，热力学第一、第二定律和能量守恒定律。理解气体、固体、液体的分子结构，了解液晶的应用。理解液体的重要性质以及它们在生活中的应用。

可燃冰开采

第一节　分子热运动　内能

随着科学技术的发展，人类已经知道构成物质的单元是多种多样的，可以是原子(如金属)、离子(如盐类)、分子(如有机物)，在热学中，这些微粒做热运动时遵从相同的规律，在研究热运动时我们把这些微粒统称为分子。

一、分子的大小

一般物体中的分子数目都大得惊人。例如，1 cm^3 中约有 3.3×10^{22} 个水分子，假如全世界的人不分男女老少都来数，也需要约 17 万年才能数完！

组成物质的分子、原子是很小的，不但用肉眼不能直接看到它们，就是用光学显微镜也看不到它们，现在有了能放大几亿倍的扫描隧道显微镜，用它能观察到物质表面的分子、原子。我国科学家用扫描隧道显微镜拍摄的石墨表面原子的图片，图片每个亮斑都是一个碳原子，生动有力地证明了物质是由分子、原子组成的。

一般分子直径的数量级是 10^{-10} m。

二、分子的热运动

英国植物学家布朗在 1827 年用显微镜观察悬浮的花粉时发现，悬浮的花粉做无规则的运动。这说明液体内部分子不停地做无规则运动，不断地撞击悬浮在水上的小颗粒，因此，悬浮的颗粒在大量分子的碰撞下的运动也是无规则的了。后来人们把悬浮小颗粒这种无规则运动叫作**布朗运动**。

可见，液体内部大量分子永不停息地无规则运动是产生布朗运动的原因，微粒的布朗运动并不是分子的运动，但是它们的无规则运动反映了液体分子是在做着无规则运动。

同样，往两杯温度不同的清水里各滴入一滴红墨水，扩散的快慢不同。我们发现，扩散较快的一杯是热水，另一杯冷水扩散较慢。可见分子的无规则运动速度与物体的温度有关，温度越高，分子运动越剧烈。

分子的无规则运动跟温度有关，温度越高，分子运动越激烈。所以通常把大量分子的无规则运动叫作**热运动**。现在，你该明白炒菜时为什么食盐要趁菜还很烫时放入了吧。

扩散现象不但说明了分子在永不停息地做无规则运动，同时也说明了分子之间有空隙，否则分子便不能运动。气体容易被压缩，说明了气体分子间不仅有空隙，而且空隙非常大。

三、分子间作用力

探究实验

分子间有引力

将两个铅柱的底面削平，然后使两个底面正对压紧，它们就连接在一起了（如图 7-1 所示），即使在下面吊一个重物也不能把它们拉开。

上面的试验说明分子间存在着相互作用的吸引力。两个铅柱是靠分子引力连接在一起的。由于这种分子引力的存在，液体和固体的分子总是聚在一起，保持一定的体积。

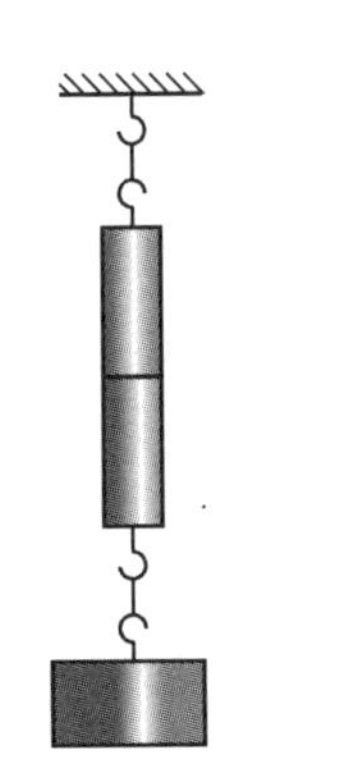

图 7-1 分子间有引力

其实，分子间除了有引力存在外，还有分子斥力的存在。正是这种分子斥力使相邻的分子不会完全接触，分子斥力只有在分子非常靠近（例如液体或固体内部的分子）时才表现出来。固体或液体物质很难被压缩，就是物体内部大量分子斥力的宏观表现。

深入研究表明，分子间的引力和斥力是同时存在的，它们的大小与分子间的距离有关。平时我们说的分子间的作用力其实是指引力和斥力的合力。

分子间的引力和斥力都随着分子间的距离的增大而减小。当两分子间的距离等于某值 r_0 时，分子间的引力和斥力相互平衡，分子间的作用力为零。r_0 的数量级约为 10^{-10} m。当某分子与相邻分子的距离为 r_0 时，它们的位置叫作平衡位置。当分子间的距离大于 r_0 时，分子间的作用力表现为引力。当分子间的距离小于 r_0 时，分子间的作用力表现为斥力。当分子间的距离大于 10^{-9} m 时，引力和斥力都变得非常小，分子间的作用力就可以忽略不计了。

四、分子动理论

综上所述我们知道，物质都是由大量分子组成的，分子在永不停息地做无规则热运动，分子间存在相互的作用力，这就是分子动理论。

阅读材料

纳米技术

“纳米”是英文“nanometer”的译名，是一种度量单位，1 纳米（nm）等于十亿分之一米，约相当于 45 个原子串起来那么长，纳米结构通常是指尺寸在 100 nm 以下的微小结构。1981年扫描隧道显微镜发明后,便诞生了一门以0.1～100 nm长度为研究对象的新学科,它的最终目标是直接以原子或分子来构造具有特定功能的产品。因此,纳米技术其实就是一种用单个原子、分子构造物质的技术。

迄今为止,关于纳米技术分为三种概念:

1. 分子纳米技术

1986年美国科学家德雷克斯勒博士在《创造的机器》一书中提出分子纳米技术。根据这一概念,可以使组合分子的机器实用化,从而可以任意组合所有种类的分子,可以制造出任何种类的分子结构,这种概念的纳米技术还未取得重大发展。

2. 微加工技术

这种概念把纳米技术定位为微加工技术的极限。也就是通过纳米精度的"加工"来人工形成纳米大小的结构的技术。

3. 生物纳米技术

这种概念是从生物的角度出发而提出的,本来生物在细胞和生物膜内就存在纳米级的结构。

纳米技术的应用,涵盖的范围与领域相当广泛,归纳出以下几个方面:

(1) 材料与制造;

(2) 纳米电子及计算技术;

(3) 医药与健康;

(4) 航空与太空探测。

纳米技术是现代科学技术的前沿,在世界范围内备受重视,这个领域内的竞争异常激烈,我国科学家也在进行研究,并取得了一定成绩,具有世界先进水平。

第二节 热力学第一定律

一、分子动能

组成物质的分子永不停息地做着无规则运动,这种运动也是物质运动的一种形式,像一切运动着的物体都具有动能一样,运动的分子也具有动能,叫作**分子动能**。

由于构成物质的分子数量巨大,在相同条件下,分子的速度各不相同,从而各个分子的动能也不相同。由于大量的碰撞,每个分子的动能都变化得很快,所以在研究中,我们所关心的不是每个分子的动能,而是物体里所有分子的动能的平均值,这个平均值叫作分子的**平均动能**。

温度升高时,构成物体的大量分子的热运动加剧,分子热运动的平均动能增加。温度越高,分子平均动能越大,温度越低,分子热运动的平均动能越小。从分子动理论的观点来看,温度是物体中大量分子热运动的平均动能的标志。

二、分子势能

地球上的物体由于与地球之间存在相互作用力而具有由物体相对位置决定的重力势能。同理，分子之间存在相互作用力，也具有由它们的相对位置决定的势能，这种势能叫作分子势能。

分子势能变化与分子间相对位置变化有关，与分子力做功有关，当分子间的距离 $r>r_0$时，分子间的作用力表现为引力，要增大分子间的距离必须克服引力做功，分子势能随着分子间距离增大而增大。如同弹簧被拉长时，必须克服弹力做功，弹性势能随弹簧长度的增大而增大。当分子间距离 $r<r_0$时，分子间作用力表现为斥力，要减小分子间距离，必须克服斥力做功，分子势能随着分子间的距离减小而增大。如同弹簧被压缩时，必须克服弹力做功，弹性势能随弹簧的长度变小而增大。

分子势能大小跟分子间的距离有关，物体的体积改变时，其中的分子间距离发生变化，分子势能也变化，因此，分子势能跟物体的体积有关系。

三、物体的内能

组成物体的分子，由于不停地运动而具有动能，又由于分子间有相互作用力，存在着由它们的相对位置决定的分子势能，物体中所有分子的动能和势能的总和，叫作物体的热力学能，也叫内能。一切物体都是由不停地做无规则热运动并且相互作用着的分子组成，因此任何物体都具有内能。

与机械能一样，内能的单位也是焦耳。机械能是从宏观角度研究物体由机械运动和形变所决定的能量。而内能是从微观角度研究分子热运动时，由大量分子的热运动和分子间的相对位置决定的能量，与物体的机械运动无关。因此，物体可以同时具有内能和机械能。

由于分子热运动的平均动能跟温度有关，分子势能跟体积有关，因此，物体的内能跟物体的温度和体积都有关。

四、物体内能的改变

日常生活中，灼热的火炉能使周围物体的温度升高，内能增加；一壶开水放在桌上，它逐渐冷却，内能减少。这是发生了热传递的结果，可见，热传递是改变物体内能的一种方式。

通过热传递使物体内能发生改变的时候，常常把物体放出或吸收的能量叫作热量，热量是物体内能变化的一种量度，单位同能量一样为焦耳。

用锯条锯木头，人克服摩擦力做功，锯条和木头发热，内能增加。说明做功可以改变物体的内能。下面来观察两个实验。

单纯通过做功使物体内能改变时，内能的改变就可以用做功的数值来量度。

做功与热传递，对改变物体的内能是等效的。区别在于，热传递是内能从一个物体转移到另一物体，做功则是内能与其他形式的能量之间的转化。

五、热力学第一定律

做功和热传递都能改变物体的内能。因此,物体内能的改变量 ΔU,必与功 W 和热量 Q 有关。若单纯通过做功改变物体的内能,外界对物体做了多少功,物体的内能就增加了多少,即 $\Delta U=W$;若单纯通过热传递来改变物体的内能,外界对物体传递了多少热量,物体的内能就增加了多少,即 $\Delta U=Q$;如果外界既向物体做功又向物体传递热量,物体内能的增加量就应等于外界对物体所做的功 W 和外界向物体传递的热量 Q 之和,即

$$\Delta U=W+Q$$

上式所表示的功、热量跟内能改变之间的定量关系,在物理学中叫作热力学第一定律。

讨论:W 和 Q 何时取正,何时取负?

六、能量的转化与守恒定律

热力学第一定律表示,做功和热传递提供给一个物体多少能量,物体的内能就增加多少,能量在转化或转移中守恒,不但机械能,其他形式的能也可以与内能相互转化,通过电流的导线变热,电能转化成为内能,燃料燃烧生热,化学能转化成内能,炽热的灯丝发光,内能转化成为光能,实验证明,在这些转化过程中,能量都是守恒的。

能量既不会凭空产生,也不会凭空消失,它只能从一种形式转化为别的形式,或者从一个物体转移到另一个物体,在转化或转移的过程中其总量不变,这就是能量的转化与守恒定律。

在科学发展的历史上,人们曾试图设计一种不消耗任何能量,却可源源不断地对外做功的机器。人们把这种设想中的机器叫作第一类永动机。能量守恒定律的发现,使人们清楚地认识到:任何一部机器只能使能量从一种形式转化为另一种形式,而不能无中生有地制造能量,因此第一类永动机是不可能制成的。

第三节　热力学第二定律

在自然界中,任何运动变化过程都遵循能量转化与守恒定律。那么,能量可以被人们不断地反复利用吗?符合能量转化与守恒定律的过程是否都会发生?

打开一瓶香水,香水分子会自发地向四周散开,却不会自发地从四周重新聚集到瓶子里,在冷水中投放一块烧红的铁块,铁块会自发地把热量传递给水,使得铁块温度下降,水温升高,直至温度相同达到平衡。却不会出现这种情形:烧红的铁块投放在冷水中,铁块自发地从水中吸收热量,使得铁块温度更高而水温下降。

生活经验以及无数的事实告诉我们:在一切与热相联系的自然现象中,它们自发地实现的过程都是不可逆的。热量能够自发地从高温物体传到低温物体,却不能自发地从低温物体传到高温物体,即使这并不违背能量守恒定律。

物理学中,反映宏观自然过程的方向性的定律就是热力学第二定律。

一、热力学第二定律的两种表述

1850年，德国物理学家克劳修斯(图7-2)根据热传递的方向性，总结出一条规律：不可能使热量从低温物体传到高温物体，而不引起其他变化。这就是热力学第二定律的一种表述，称为“克劳修斯表述”。

像蒸汽机、汽轮机、燃气轮机、内燃机、喷气发动机等，都是将燃料的化学能转化成内能再转化成机械能的机器动力机械，我们把这类机械称为热机。热机通常以气体作为工质(传递能量的媒介物质叫工质)，利用气体受热膨胀对外做功。热机在人类生活中发挥着重要的作用。现代化的交通运输工具都靠它提供动力。

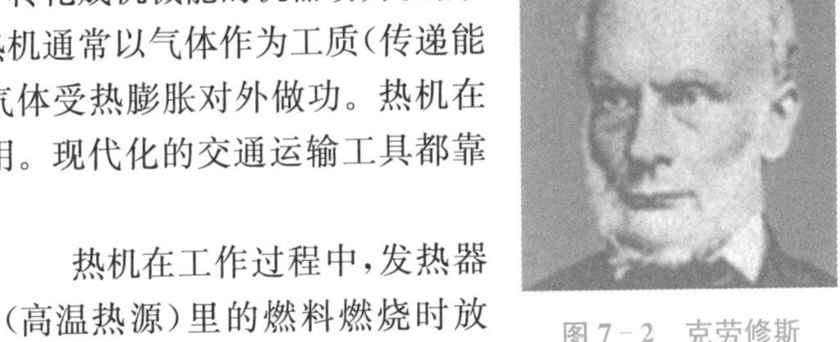

图7-2　克劳修斯

图7-3　威廉·汤姆逊

热机在工作过程中，发热器(高温热源)里的燃料燃烧时放出的热量并没有全部被工作物质(工质)所吸收，而工质从发热器所得到的那部分热量也只有一部分转变为机械功，其余部分随工质排出，传给冷凝器(低温热源)。工质所做的机械功中还有一部分因克服机件摩擦而损失。由分析得知，热机的效率不会达到100%。

1851年，英国物理学家威廉·汤姆逊(即开尔文勋爵，图7-3)在分析了热机及其他涉及做功的热学过程后，总结出热力学第二定律的另一种表述：不可能从单一热源吸收热量并把它全部用来做功，而不引起其他影响。这种表述称为“开尔文表述”。表述中的“单一热源”是指温度均匀并且恒定不变的热源；“其他影响”指除了由单一热源吸热，把所吸的热用来做功以外的任何其他变化。

热力学第二定律的开尔文表述阐述了其他形式能与内能转化的方向性：自然界中任何形式的能都可能完全转变成内能，但内能却不能在不产生其他影响的条件下完全变成其他形式的能，这种转变在自然条件下也是不可逆的。

热力学第二定律的表述有很多种，但实际上都是互相等效的，它们实质上都是指出了宏观热现象的不可逆性。

案例分析

案例1　有人说，用电冰箱冷藏食品，用空调机制冷(或制热)，它们都是能够源源不断地把热量从温度低的地方传递到温度高的地方。难道它们不遵循热力学第二定律吗?

分析　在电冰箱(或空调机)的工作过程中，热量确实是从低温物体传到了高温物体。但这不是自发的过程，这个过程必须有第三者的介入：必须开动冰箱(或空调机)的压缩机，如果电厂不再消耗燃料发电给其提供电能，压缩机就会停止工作，自发的过程则是热量从高温地方传向低温地方。

案例2 有人曾计算过,地球表面有10亿km^3的海水,以海水作单一热源,若把海水的温度哪怕只降低0.25 ℃,放出的热量,将能变成一千万亿摄氏度的电能,足够全世界使用一千年。为什么人们不能利用这种“新能源”呢?

分析 利用海水内能发电是不可行的。由热力学第二定律可知:不可能从海水这样一个单一热源中吸收热量并把它全部用来做功(推动发电机来发电),而不引起其他变化。因为热变功的过程,必须在两个热源之间进行,热量在从高温热源向低温热源传递过程中才能做功。如果要造成一个比海水更低的低温热源,是先要做功,消耗其他能量,这就得不偿失了。

二、热力学第二定律的微观解释

从分子运动论的观点来看,热运动是大量分子的无规则运动,而做功则是大量分子的有规则的运动。无规则运动要变为有规则运动的概率极小,而有规则的运动变成无规则运动的概率大。由微观角度来看,热力学第二定律就是一个统计规律:一个不受外界影响的孤立系统,其内部自发的过程总是由概率小的状态向概率大的状态进行,总是从包含微观状态数目少的宏观状态向包含微观状态数目多的宏观状态进行。所以热力学第二定律的微观意义也可表达为:一切自然过程总是沿着分子热运动的无序性增大的方向进行。

三、热力学第二定律的实际应用意义

人类的生存和生活都在使用和消耗能量,诸如机械能、热能、电能、光能、声能、化学能等。这些能量有的可从自然资源中直接得到,有些则需要通过转化才能获得。凡是能够提供可利用能量的物质统称为**能源**。目前,人类消耗的能源主要是煤、石油、天然气等。然而,随着人口数量的增长和社会的进步,世界能源消耗量以每年约2.7%的速度增长。使得这些能源的储存量逐渐减少。

从能量守恒定律知道,我们在利用能量时只是让能量发生了转化和转移,并不会使能的总量减少。那么,强调节能还有意义吗?

这可以用热力学第二定律来解释:能量在数量上虽然守恒,但其转移和转化却具有方向性。在取暖照明、犁田耕地、车钻磨锻、开车驾船等各种各样的活动中,机械能、电能、光能、化学能、核能、生物能等各种能最终都转化成内能,流散到周围的环境中,转变为环境的内能。而这部分能量不能被回收而再次利用。这种能量以热的形式散发到周围空间而无法再继续做功的现象称之为**能量耗散**。在能的转化过程中,能量耗散是不可避免的。对整个自然界来说,能量固然没有消失,但对人类来讲,可被我们所利用的能量却在减少。也就是说,虽然能量不会减少但能源会越来越少,所以在使用能源时,要千方百计地节约,提高利用效率。

三峡工程的发电效益

2017 年 3 月 1 日 12 时 28 分，三峡电站累计发电突破 1 万亿千瓦时大关，这是三峡电站运行管理史上一个重要里程碑。三峡电站成为我国第一座发电量突破 1 万亿千瓦时的水电站。这 1 万亿千瓦时电力是可再生的清洁能源，具有巨大的节能减排效应，在优化我国能源结构、促进国民经济发展和长江经济带建设等方面发挥了积极作用。三峡电站的建设，形成了以三峡近区电网为核心的坚强区域性电网，极大地促进了全国联网的进程；三峡电站参与电网系统调峰运行，改善了调峰容量紧张局面，为电力系统的安全稳定运行提供了可靠的保障。三峡电站巨大的发电效益在我国清洁能源电力供应、节能减排、促进经济社会可持续发展等方面做出了重要贡献。

三峡电站是世界上装机容量最大的电站，安装了 32 台 70 万千瓦和 2 台 5 万千瓦的水轮发电机组，总装机容量 2 250 万千瓦，约占全国水电总装机容量的 7%，多年平均发电量 882 亿千瓦时。

2003 年首批机组投产发电；2008 年三峡右岸电站最后一台机组正式并网发电，三峡工程初始设计的左右岸电站 26 台机组全部投产运行；2012 年包括三峡地下电站在内 6 台机组的三峡电站全部机组建成投产。根据三峡电站年设计发电量，至少要有 11 个完整发电年度才能实现 1 万亿千瓦时的发电量，三峡电站通过科学决策、优化调度，在首批机组投运 14 年，全部机组达产不到 5 年时间里即实现了累计发电量 1 万亿千瓦时的目标。

为保证三峡工程“防洪”这一首要任务，三峡水库内的水位每年都要有规律地升降。在汛期(6～9 月)，水库一般维持在防洪限制水位，以留出防洪库容调节可能发生的洪水；当入库流量可能对下游安全造成威胁时，水库拦蓄洪水，水位抬高。洪水过后，水库水位及时降低至防洪限制水位，以迎接下一次可能发生的洪水。因为三峡水库的首要任务是防洪减灾，发电兴利等功能是次要的，所以在汛期来临之前，为最大限度地容纳洪水，要舍弃兴利，将水位降至 145 米，腾出库容迎接洪峰，保证下游人民生命财产的安全。

虽然三峡工程的发电效益需服从“防洪”这一社会效益，但两者并不是完全对立的，通过对水库进行科学调度，可以协调三峡水库诸多效益的关系。“中小洪水优化调度”就是在三峡水库拦蓄洪水为下游保安全时：一方面拦洪错峰，减轻下游防洪压力；另一方面通过准确的中长期水情预报和精准的短期预报，合理利用拦蓄的洪水发电，增发电量。

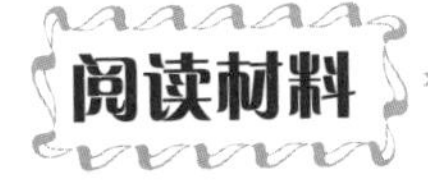

能源问题与环境保护

能源是指能够提供可供利用的能量的物质。能源是现代社会生活的重要物质基础，人们的衣、食、住、行要消耗能源，各种生产也要消耗能源。煤、石油、天然气是目前最主要的能源。这些能源的储量是有限的，而且是不可再生的，按现在的开采速度，石油将在几十年内采完,煤也将在一两百年内采完,因此能源的短缺严重地威胁着人类的生存和发展。

大量消耗煤、石油、天然气等不可再生能源还会带来严重的环境问题,石油和煤炭燃烧时产生的二氧化碳增加了大气中二氧化碳的含量,产生了“温室效应”,引发了系列问题。如:地面的气温上升,两极的冰雪融化,海平面上升,淹没沿海城市,海水向河流倒灌,耕地盐碱化。煤炭燃烧时形成的二氧化硫等物质使雨水的酸度升高,形成“酸雨”,腐蚀建筑物,土壤酸化……这都是大自然对人类的报复。

煤、石油、天然气等能源的短缺及带来的环境污染问题,迫使我们不得不考虑其他能源的开发问题。

风能,过去用风车带动石磨做功,现在用风车带动发电机发电,然后把电能输送到远方。

水能,把水流的机械能转化为电能,现在水力发电技术已经十分成熟,我国水资源丰富,已建成了许多水力发电站,三峡水电站是目前世界上最大的水力发电站。

太阳能,太阳辐射到地球的能量是巨大的,每年可以达到 10^{24} J,可以说太阳能是取之不尽,用之不竭的,人类在利用太阳能方面取得一些成就,如太阳能电池、太阳能灶、太阳能热水器等。

沼气,农村用庄稼秸秆、牲畜粪便,放在密封的池中加水发酵,能够产生沼气,其主要成分是甲烷,是一种气体燃料,在农村被广泛使用。

核能,原子核发生裂变和聚变所释放的能量。地上核燃料的储量比石油和煤多得多,而且核反应所释放的能量巨大。

上面列举的能源克服了煤、石油、天然气等能源的两个通病:一是资源缺乏;二是污染环境。这些能源有的可再生,有的储量丰富,并且都对环境污染很小。因此,使用这些能源对保护环境有着非常重要的重义。

第四节 固体 液体 气体

固体为什么有固定的体积和形状?液体为什么具有流动性,却没有一定的形状?气体为什么没有大小,没有形状?

一、固体

固体都有一定的体积和形状,且不易改变。这是因为固体物质中分子间的距离非常小,与分子直径的数量级相当(约为 10^{-10} m)。固体分子间的作用力比较大,固体的分子被束缚在各自的平衡位置上(就好像用双手拉伸或压缩弹簧一样,引力和斥力都要使弹簧回到平衡位置),只能在各自的平衡位置附近做微小的振动,不能向别处移动。因此,固体既能保持一定的体积,也能保持一定形状。

固体中,有一类固体如食盐、明矾、石英、云母、硫酸铜、糖、雪花、味精等,其内部分子按一定的规律在空间排列(图 7－4、图 7－5)，因而具有天然的几何外形，这类固体就是晶体。另一类固体，如玻璃、蜂蜡、松香、沥青、橡胶等，由于内部分子的排列没有规律，它们没有规则的几何外形，这类固体叫非晶体。

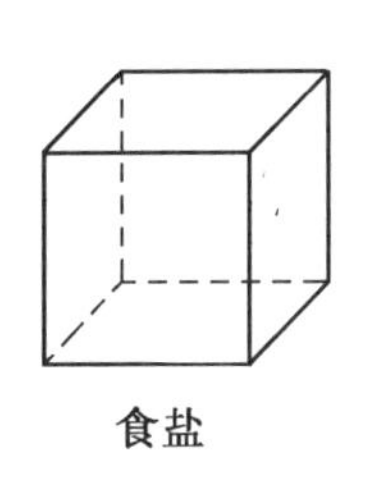
食盐

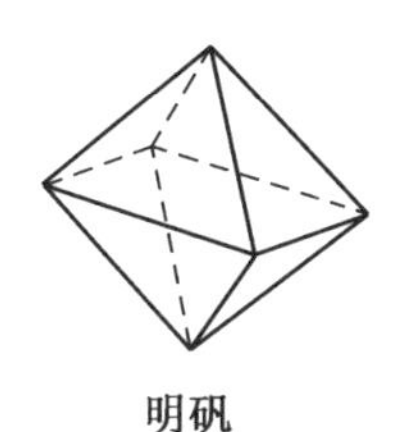
明矾

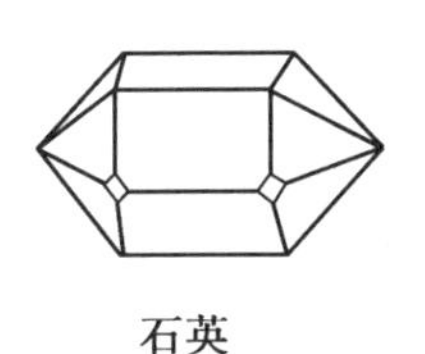
石英

图 7－4　几种晶体的形状

图 7－5　雪花的几种形状

晶体和非晶体除了外形是否规则外，在物理性质上也有所不同。晶体有确定的熔点，非晶体没有确定的熔点。

晶体物质不仅在不同方向上的导热性能不同，而且导电性能和机械强度等物理性质也不一样。也就是说，晶体的某些物理性质可能与方向有关，这种特性叫作各向异性。非晶体的各种物理性质在各个方向上是相同的，我们把它叫作各向同性。

总之，晶体有确定的熔点，外观上有规则的几何形状，一些物理性质表现为各向异性；非晶体没有确定的熔点，外观上没有规则的几何形状，各种物理性质都表现为各向同性。

二、液体

液体变成气体时，体积要增大一千倍左右，而凝固成固体时，体积改变约 10%。这说明液体分子间的距离比较接近固体的分子距离，液体分子密集地排在一起，所以液体不易被压缩，具有一定的体积，但是分子间的作用不像固体分子间那样强。液体分子的热运动与固体相似，主要是在平衡位置附近做微小的振动，与固体不同的是，液体分子没有固定的平衡位置，在振动的同时它的平衡位置也在逐渐移动，也就是说，液体分子可以在液体中移动，因而液体具有流动性，没有一定的形状。

三、气体

通过前面的学习我们已经知道，分子间的距离决定了分子力的种类及大小，当分子间的距离大于 10^{-9} m 时，引力和斥力都变得非常小，分子间的作用力就可以忽略不计了。

通常气体中的分子距离都很大，分子间的距离约为分子直径的 10 倍左右，分子的大小相对分子间的空隙来说很小，可视分子为质点。除相互碰撞以外，可以认为气体分子间没有作用力。因此，压缩气体时体积极易变小，这是由于分子间的距离明显变小。

气体中的分子非常多，分子在运动过程中碰撞十分频繁，每一次碰撞都要改变速度的大小和方向，整体而言，气体分子在做无规则运动，能到达容器中的任何位置。因此，气体既没有一定的体积，也没有一定的形状。

气体分子可以自由地运动，分子的热运动速率非常大，常温下可达数百米每秒，这个数量级相当于子弹的速率。气体中的分子除了相互碰撞外，还不断地跟容器壁碰撞，大量分子对器壁的频繁碰撞，对器壁产生了持续不断的压力，器壁上每单位面积受到的压力，就是气体的压强。容器内气体分子越多，温度越高，气体的压强越大。

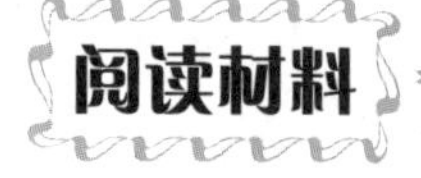

液　晶

一般的物质通常呈固态、气态、液态。但是有许多化合物可以呈现一种介于晶体和液体之间的状态。在这种状态下的物质，一方面像液体那样具有流动性，另一方面又像晶体，分子在某个特定方向排列比较整齐，如图 7－6，具有光学各向异性。人们把物质的这种状态叫作**液晶态**，把处于这种状态的物质叫作**液晶**。液晶态是介于固态和液态之间的中间态。天然存在的液晶不多，大多数的液晶是人工合成的，现在发现的具有液晶态的化合物已超过 5 千余种。

图 7－6　固态、液晶态、液态的分子排列比较图

液晶分子的排列是不稳定的，外界条件的微小变化，如温度、压力、电磁场、摩擦、容器表面上的差异等，都会引起液晶分子的排列变化，从而改变液晶的某些性质。

有一种液晶，当外加电压时，它的透光性质发生变化，会由透明状态变成不透明状态，去掉电压，又恢复透明。它的这一特性被用来制作显示元件。把电极做成文字、数码、图案，在电极间加电压时，原来透明的液晶不再透明，相应的文字、数码、图案也就显示出来了。我们现在使用的各种电子手表、电子计算器、微型计算机等，都利用了它的这一特性。

有一种液晶，随着温度的升高，它的颜色会按红、橙、黄、绿、蓝、靛、紫的顺序改变，温度降低，又按相反的顺序变化。液晶的这一性质，可以用来探测温度，如在医学上可以用来检查肿瘤，在皮肤表面涂上一层液晶，由于肿瘤部分的温度与周围正常组织的温度不一样，液晶会显示出不同的颜色。还可以把这种液晶涂在电路板上，当某处发生短路时，该处的温度升高，液晶颜色会发生变化。

计算机的显示器大都采用液晶显示器。在某些液晶中掺入少量多色性染料，染料分子会与液晶分子结合而定向排列，表现出光学各向异性。当液晶中电场强度不同时，它对不同颜色的光的吸收强度也不同，因而可以显示各种颜色。

有的液晶只能存在于一定的温度范围，低于或高于这个范围，它就变成普通晶体或普通液体，失去液晶显示的特性。因此，使用各类液晶的显示器件时，要避免高温和烈日暴晒，也不要受冻。

液晶从 1888 年被发现至今，已广泛地应用在电子工业、航空工业、生物、医学等领域；同时，液晶的理论又在细胞生物学和分子生物学中得到发展。随着科学技术的进步，液晶的理论及技术应用有着广阔的空间。

第五节　液体的表面特性

荷叶上的小露珠为什么是球形的？为什么小虫子可以在水面上行走跳跃，而不沉下去？几十米的大树靠什么把营养和水分送到树梢？

液体的表面有一些特殊的性质，能产生许多有趣的现象。下面我们就来研究这些现象。

一、表面张力

探究实验

探究表面张力

(1) 将一根棉线的两端系在铁丝环上，棉线要略为松弛，然后将铁丝环在肥皂水里浸一下，拿出铁丝环时环上布满了肥皂液膜；松弛的棉线仍在薄膜上。

用针或手刺破棉线某一侧的薄膜，观察薄膜和棉线发生的变化，重复做这个实验，如图 7－7 所示。

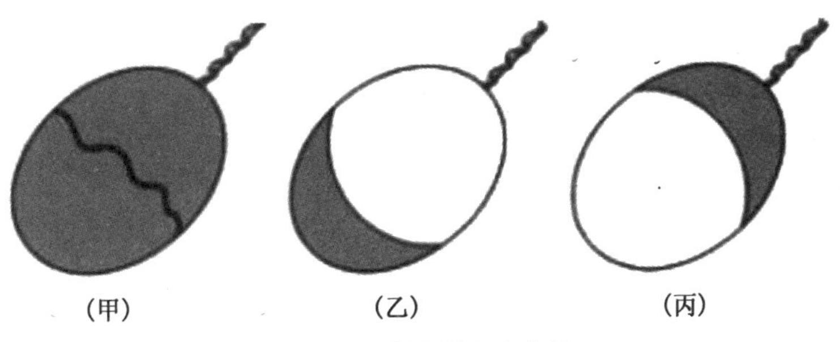

图 7－7　肥皂膜向内收缩

(2) 把一个棉线圈系在铁丝环上，将环在肥皂液里浸一下拿出来，铁丝环和棉线圈上都布满肥皂膜。图 7－8，用针刺破棉线圈里的肥皂膜，观察棉线圈外的肥皂膜和棉线圈的变化。

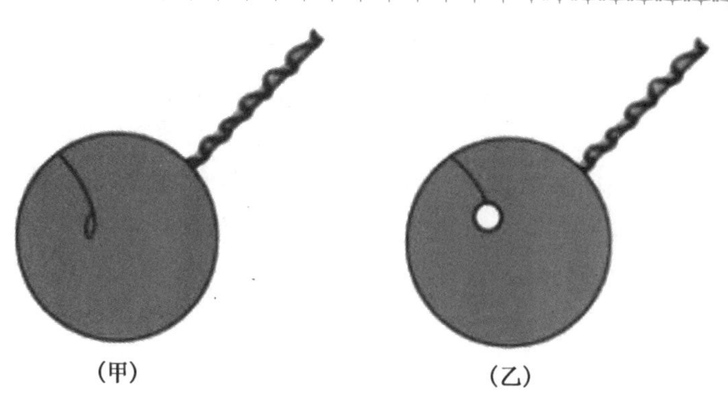

图 7－8　观察棉线圈内外的变化

从上面的实验可以看出，刺破棉线右侧的肥皂膜，左侧的肥皂膜(如图 7－7(乙))就会收缩，刺破棉线左侧的肥皂膜，右侧的肥皂膜(如图 7－7 丙)就会收缩，刺破棉线圈里的肥皂膜，棉线圈外的肥皂膜(如图 7－8 乙)也会收缩，并且几种情况下都把其中的棉线张紧，肥皂膜收缩到最小。

大量的实验表明：液体的表面就像张紧的橡皮膜一样，具有收缩的趋势。

动动脑：为什么液体表面具有收缩的趋势?

原来，液体与气体接触的表面存在一个非常特殊的薄层，我们把它叫作“表面层”，这里分子间的距离比液体内部的分子间的距离稍大。在液体内部，分子间的距离约为 r_0，分子间的引力和斥力相互平衡，分子间的作用力为零。表面层分子间的距离大于 r_0，因此，表面层里的分子间的作用力表现为引力。也就是说，如果在液体表面任意画一条线 NM，把液体表面分成(1)和(2)两部分，如图 7－9 所示，线两侧分子之间的作用力 F_2、F_1 表现为相互吸引力，液体表面各部分之间都存在这种引力，这种引力使液体表面有收缩到最小的趋势。我们把液体表面各部分间的相互吸引力叫作表面张力。

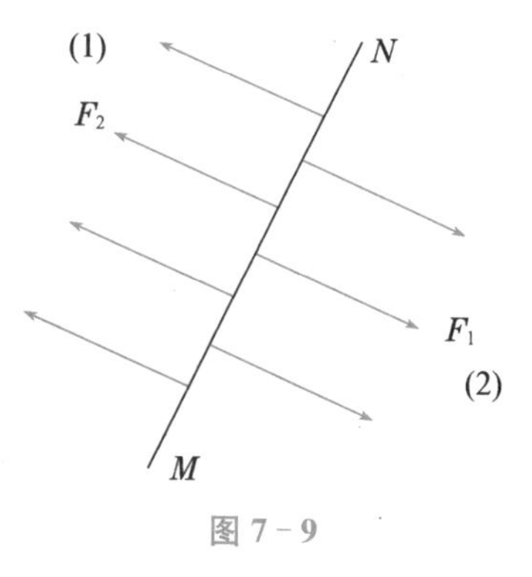

图 7－9

表面张力的作用是使液体表面绷紧，就像一张有弹性的“膜”包裹着液体内部，一些小昆虫可以在这层“膜”上跑来跑去而不沉进水里，钢针、硬币也有可能浮于水面。当液面可以收缩时，它将收缩到最小。液滴、露珠、洒在地面上的水银等呈球形，都是表面张力使液面收缩的结果。因为在内部体积相同的情况下，球形的表面积最小。所以表面张力就使液面尽量收缩成球形或近似球形。

联系实际学习物理，不仅提高学习的兴趣，更能体会到物理学在实践中强大的生命力。物理学是一门实践科学，只有从实践中来，到实践中去，才能真正领会物理的魅力。

动动脑：为什么蜡液滴在衣服上总是洗不干净？

二、浸润和不浸润

分别向洁净的玻璃板和涂石蜡的玻璃板上滴几滴有颜色的水，然后慢慢地抬起玻璃板的一端使它们倾斜。可以看到，水滴在洁净的玻璃板上边沿向外扩展，形成一个薄层，附着在玻璃板上，如图 7－10 所示。涂石蜡的玻璃板上的水滴却不向外扩展，而收缩成球形或近似球形（受重力作用，较大水滴成椭球形）在石蜡板上滚来滚去，不附着在石蜡板上，如图 7－11 所示。当抬起玻璃板的一端时，涂石蜡玻璃板上的水滴全掉下去，而洁净的玻璃板上的水滴却不容易掉下去，许多水仍附着在玻璃板上。

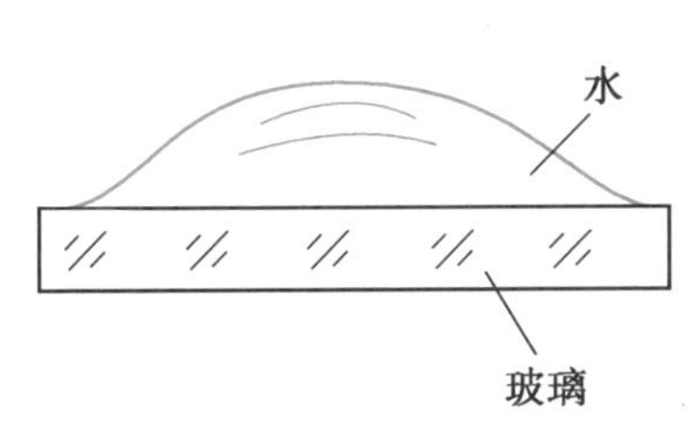

图 7－10　玻璃板上的水珠

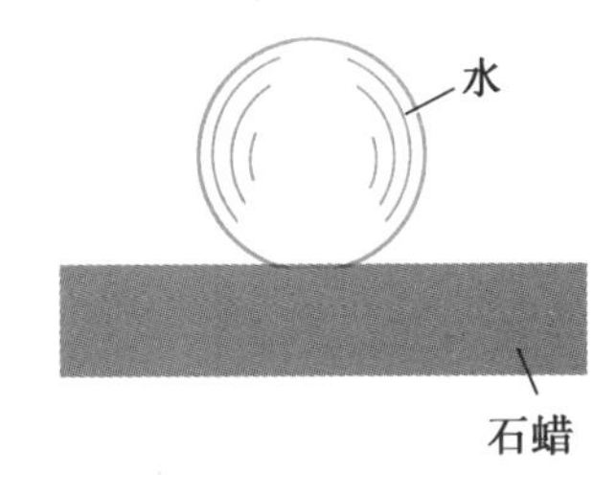

图 7－11　石蜡板上的水珠

上面实验中，水会润湿玻璃并附着在玻璃表面上，但水不会润湿石蜡也不附着在石蜡表面上。我们把液体能附着在固体表面的现象叫作浸润；而液体不能附着在固体表面的现象叫作不浸润。

浸润现象跟液体和固体的性质都有关系，同一种液体对某种固体是浸润的，对另一种固体可能是不浸润的。例如，水能浸润玻璃，但不浸润石蜡。水银不浸润玻璃，但能浸润锌。

用量筒装水或常见液体时，由于水能浸润玻璃，筒壁附近的液面向上弯曲，如图7－12所示。如果把水银装入玻璃器皿，由于水银不浸润玻璃，器壁附近液面向下弯曲，如图 7－13所示。

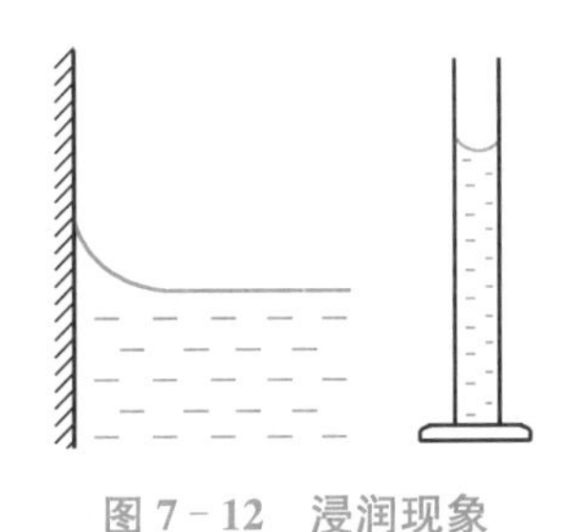

图 7－12　浸润现象

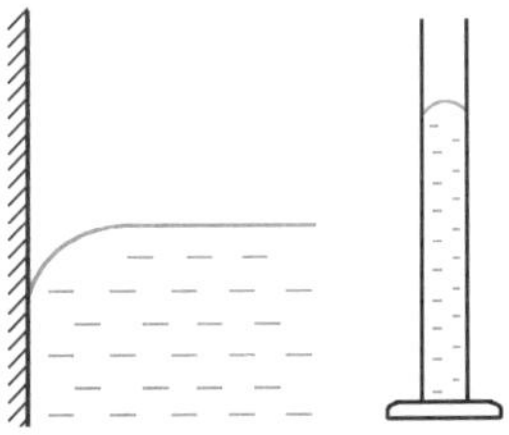

图 7－13　不浸润现象

浸润与不浸润现象在日常生活中是常见的，脱脂棉脱脂的目的，就是为了让原来不被水浸润的棉花变得可以被水浸润，以便吸取药液。游禽类能长时间在水里游来游去，但它的羽毛一点都不会被弄湿，是因为它们的羽毛表面都有一层油脂，水不浸润油脂。类似的例子还很多。水无法洗掉衣服上的蜡滴，这其中的原因你明白了吗?

动动脑：将几支白粉笔的一端浅插在红墨水里，一会儿露出墨水表面的粉笔也逐渐变红了，水怎么会往上走?

三、毛细现象

探究实验

探究毛细现象

如果把几支内径大小不一样的细玻璃管插入水中，结果每根管内水面都高于管外水面(这与初中学过的连通器一致吗?)，内径越细的，里面的水越高，如图 7－14 甲所示。但把这些细管插入水银中，却发现每支管内水银面都比管外低，而且内径越细的，里面的水银面越低，如图 7－14 乙所示。

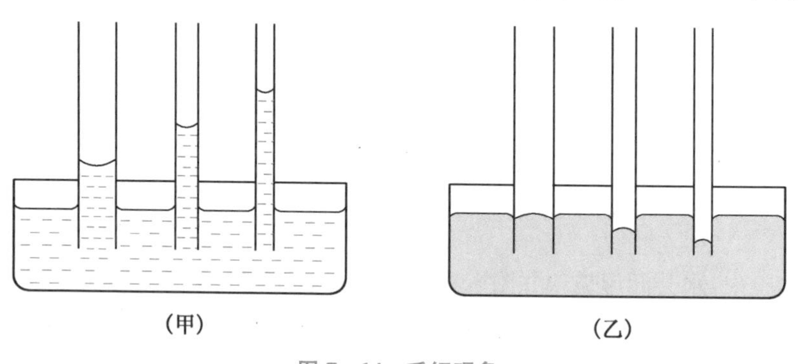

图 7－14　毛细现象

实验中，水能浸润玻璃，管越细里面的水升得越高；水银不浸润玻璃，管越细里面的水降得越低。我们把浸润液体在细管里升高和不浸润液体在细管里降低的现象叫作毛细现象，凡能产生明显毛细现象的管子叫毛细管。

自然界和日常生活中有许多毛细现象，植物茎内极细的导管就是毛细管，它们能把土壤里的营养水分上吸到茎和叶，保证植物生长。酒精灯的灯芯就是利用纤维的毛细管将酒精吸上去的。毛巾吸水，棉质衣物穿起来舒服，也都是因为纤维中有丰富的毛细管，将人体皮肤产生的汗液通过毛细管再蒸发到空气中去。

有些情况下毛细现象是有害的，建筑房屋时，夯实的地基和砖块中都有非常丰富的毛细管，它们会把土壤中的水分吸上来，使房屋潮湿。为了防潮，建房时可在地基上铺上涂有沥青的厚纸，再在纸上砌砖。板结的土壤中也有许多毛细管，它使土壤中水分上升至土壤表层后蒸发到空气中。如果要保持土壤中的水分，必须弄松土壤表层，破坏土壤表层的毛细管，以阻断水分经毛细管上升到空气中。

自然与生活中的表面张力现象、毛细现象

1. 水往高处走还是往低处流？

在地球表面，由于受重力作用，水的自然流动方向是自高向低。所以俗话说“水往低处流”。生活中我们也常常看到水也能往高处走，例如，自来水向高楼供水、喷泉等。在这些水往高处走的现象中，抽水机是必要设备，但抽水机也只能将水抽高 10.3 m 左右（想想为什么？），实际上楼房的供水都是靠高于楼房的水塔与用户间组成的连通器来供水的。然而，几十米高的参天大树，树梢和树叶的营养、水分必须靠土壤供给，在土壤与树梢间没有抽水设备也无连通器原理。但是，树干细细的导管，就相当于毛细管，可以将土壤里的水分和营养送上几十米高的树梢。可见大自然多么神奇！

2. 衣服怎么变小了？

穿在身上的衣服、袜子一旦弄湿，会感觉突然变小了，不论多大的衣服都会紧紧地裹在身上，要想脱下，比干燥时难了许多。

这是因为湿衣服上水的表面张力有收缩趋势，将衣服纤维间的空隙尽可能收缩，直到紧紧地裹在身上为止！也正是这一原因，洗过晒干的衣服、鞋袜都会紧些，穿时要用手拉拉。

3. 试管内的水面时而向下凹，时而向上凸。

用试管装水，只要液面低于试管口，液面总是向下凹，成月牙形。当水面高过管口时，则向上凸，成半球形。

当水面低于管口时，水的表面张力要使水面收缩到最小，而水能浸润玻璃，又要使水面沿管壁边缘（即向上升）扩展，所以水面向下凹成月牙形。当液面稍高于管口时，水的表面张力要使液面收缩到最小。在体积相等的情况下，球形的表面积最小。但水能浸润玻璃，管壁形状固定，所以水面只能收缩成向上凸的半球形。

4. 肥皂泡是什么形状的？

用吸管或麦秆蘸点肥皂水，可吹出大小不一的肥皂泡。当这些肥皂泡离开管口以后，不论大小如何，都是球形。

因为液体的表面张力要使肥皂膜收缩到最小，在泡内气体体积相同的情况下，球形表面积最小。同样道理，只要不是特殊定形，所有气球都是球形。

5. 钢针、硬币浮水面。

把钢针或硬币轻轻、平稳地放在水面上，它能长时间浮于水面上。如果手不够平稳，可用吸水性好的纸托住钢针或硬币放到水面上，待纸吸水下沉后，就可看到钢针或硬币漂浮于水面。

6. 花朵的颜色怎么变啦?

用几个烧杯装上不同颜色的水(如红、黄、蓝色)。再把浅颜色花(如白色、粉色)的茎插入有色水中,过几个小时,花瓣的颜色就会变成与杯中水的颜色相同。你知道为什么吗?

实验七　用油膜法估测分子大小

【实验目的】

学会用油膜法估测分子的大小。

【实验原理】

实验采用使油酸在水面上形成一层单分子油膜的方法估测分子的大小。当把一滴用酒精稀释过的油酸滴在水面上时,油酸就在水面上散开,其中的酒精溶于水并很快挥发,在水面上形成如图 7-15 甲所示形状的一层纯油酸薄膜。如果算出一定体积的油酸在水面上形成的单分子油膜的面积,即可算出油酸分子的大小。用 V 表示一滴油酸酒精溶液中所含油酸的体积,用 S 表示单分子油膜的面积,用 d 表示分子的直径,如图 7-15 乙所示,则:$d=\frac{V}{S}$,以此估算出分子直径的数量级。

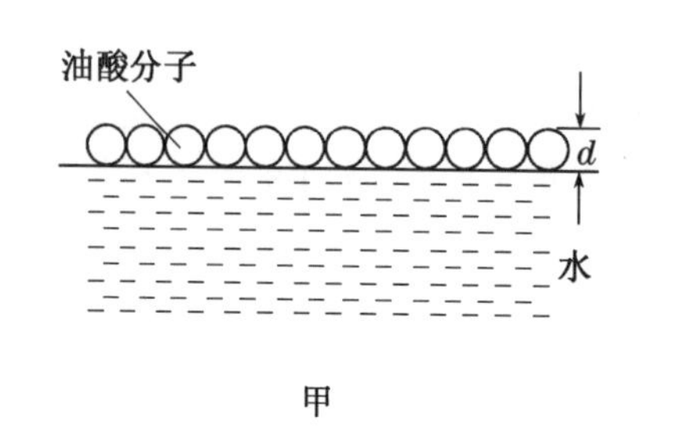

图 7-15

【实验器材】

注射器(或滴管)、油酸酒精溶液(事先配制好)、量筒、盛有清水的浅盘、痱子粉、玻璃板、坐标纸。

【实验步骤】

(1) 用注射器(或滴管)将老师事先配制好的油酸酒精溶液一滴一滴地滴入量筒中,记下量筒内增加一定体积(如 1 mL)时的滴数,由此计算出一滴油酸酒精溶液的体积,然后再按油酸酒精溶液的浓度计算出一滴油酸酒精溶液中纯油酸的体积 V。

(2) 往边长约为 30～40 cm 的浅盘里倒入约 2 cm 深的水，待水稳定后，将适量痱子粉均匀地撒在水面上。

(3) 用注射器(或滴管)将老师事先配制好的油酸酒精溶液滴在水面上一滴，形成如图 7-15 乙所示的形状，待油酸薄膜的性状稳定后，将准备好的玻璃板放在浅盘上(注意玻璃板不能与油膜接触)，然后将油膜的形状用彩笔描在玻璃板上。

(4) 将画有油膜轮廓的玻璃板正确地放在坐标纸上，计算出油膜的面积 S。

(5) 根据纯油酸的体积 V 和油酸的面积 S 可计算出油酸薄膜的厚度 $d=\frac{V}{S}$，即油酸分子的直径。

本章小结

本章主要学习了热力学，物质三态的内容。

分子动理论：物质由分子构成；分子永不停息做无规则运动；分子间存在相互作用力。

内能：物体中所有分子的动能和势能的总和，任何物体都具有内能。

内能的改变：做功和热传递。它们对改变物体的内能是等效的。

热力学第一定律：一个物体的内能改变等于外界向它传递的热量与外界对它所做功的和。用公式表示：

$$\Delta U=W+Q\text{（}W\text{ 表示做功，}Q\text{ 表示热量）}$$

能量守恒定律：能量既不会凭空产生，也不会凭空消失，它只能从一种形式转化为别的形式，或者从一个物体转移到另一个物体，在转化或转移的过程中其总量不变。

热力学第二定律：热量能够自发地从高温物体传到低温物体，却不能自发地从低温物体传到高温物体，反映宏观自然过程的方向性的定律。指出了宏观热现象的不可逆性。

晶体有确定的熔点，外观上有规则的几何形状，一些物理性质表现为各向异性。

非晶体没有确定的熔点，外观上没有规则的几何形状，各种物理性质都表现为各向同性。

表面张力：液体的表面就像张紧的橡皮膜一样，具有收缩的趋势，这就是表面张力。表面张力使液面尽量收缩成球形或近似球形。

浸润和不浸润：液体能附着在固体表面的现象叫作浸润；而液体不能附着在固体表面的现象叫作不浸润。浸润现象跟液体和固体的性质都有关系，同一种液体对某种固体是浸润的，对另一种固体可能是不浸润的。

毛细现象：浸润液体在细管里升高和不浸润液体在细管里降低的现象。

习　题

习题 7-1

1. 借助显微镜可以看到细胞、细菌等，细胞、细菌是分子吗？

2. 将体积相等的两只桶,分别装半桶大米和核桃,把半桶大米倒入核桃桶内,你发现了什么?从这一现象你联想到什么?

3. 要让鸡蛋变咸,可以把鸡蛋放到盐水里腌十几天,也可以把鸡蛋放到盐水里煮十几分钟。怎样解释这两种现象?为什么鸡蛋放到盐水里煮咸得更快?

4. 玻璃打碎后,为什么不能把它们拼在一起,利用分子力使其复原呢?

5. 物体为什么能够被压缩,但又不能无限地被压缩?

6. 有两个分子,设想它们相隔 $10r_0$,从以上距离逐渐被压缩到不能再靠近的距离,在这一过程中,分子间的斥力是如何变化的?

习题 7-2

1. 关于分子势能,下列说法中正确的是 ( )

A. 分子间表现为斥力时,分子间距离越小,分子势能越大

B. 分子间表现为引力时,分子间距离越小,分子势能越大

C. 当 $r \to \infty$ 时,分子势能最小

D. 将物体以一定初速度竖直向上抛出,物体在上升阶段其分子势能越来越大

2. 分子由于运动而具有的能量叫作分子动能,物体由于运动而具有的能量也叫动能。

(1) 分子动能可以等于零吗?为什么?

(2) 物体的动能可以等于零吗?为什么?

3. 说出公式 $\Delta U = W + Q$ 中各物理量的正负值的意义。

A. ΔU 为正值时表示________,为负值时表示________;

B. Q 为正值时表示________,为负值时表示________;

C. W 为正值时表示________,为负值时表示________。

4. 气体膨胀对外做功 100 J,同时从外界吸收 120 J 的热量,它的内能变化是多少?

5. 一定量的气体从外界吸收 2.6×10^5 J 的热量,内能增加 4.2×10^5 J,

(1) 是气体对外界做了功,还是外界对气体做了功?做了多少功?

(2) 如果气体吸收的热量仍为 2.6×10^5 J 不变,但内能增加 1.6×10^5 J,情况又是怎样呢?

习题 7-3

有人把热力学第二定律的克劳修斯表述简化为“热量不能由低温物体传到高温物体”,这样可行吗?为什么?

习题 7-5

1. 用细管吹肥皂泡,嘴离开管口,肥皂泡会自动缩小,做做看,解释这种现象。

2. 晾晒衣被时,只要衣被上的水分没有拧干,无论怎样悬挂,衣被的层与层之间都是紧贴的,即使用手拉开,放手后又会紧贴,为什么?

3. 花盆里的土壤时间长了会板结,隔一段时间,需要松松土,这有什么好处?

4. 如何利用毛细现象把衣服上的蜡滴弄干净?

附录Ⅰ　国际单位制(SI)

物理公式在确定物理量的数量关系的同时，也确定了物理量的单位关系。因此，物理学中只要选定少量几个物理量的单位，就能够利用它们推导出其他物理量的单位，这些被任意选定的物理量叫作基本量。如力学中的长度、质量和时间就是三个基本量，对应的米(m)、千克(kg)和秒(s)，叫作基本单位。由基本量根据有关公式推导出来的其他物理量，叫作导出量，导出量的单位叫作导出单位。

所谓单位制，就是有关基本单位、导出单位等一系列单位的体系。由于采用的基本量不同，基本单位的不同，所以用来推导导出单位的定义公式也不同，存在着多种单位制。多种单位制并用，严重影响了计量科学的进步和科学技术的交流和发展。为了避免多种单位制的并存，国际上制订了一种通用的适合一切计量领域的单位制，叫作国际单位制(代号为 SI)，我国简称为国际制，现在世界上包括我国等许多国家采用了国际单位制或者正在向国际单位制过渡。

在力学范围内，国际单位制规定长度、质量和时间为三个基本量，它们的单位米(m)、千克(kg)和秒(s)为基本单位。对于热学、电磁学、光学等学科，除了上述三个基本单位外，还要加上另外的基本量，并选定合适的基本单位，才能导出其他物理量的单位。这样国际单位制的基本单位共有七个。附表 1-1 和附表 1-2 分别列出了国际制的基本单位和常用的力学量和热学量的国际制单位。

附表 1-1　SI 基本单位

物理量名称	单位名称	单位符号
长度	米	m
质量	千克(公斤)	kg
时间	秒	s
电流	安[培]	A
热力学温度	开[尔文]	K
发光强度	坎[德拉]	cd
物质的量	摩[尔]	mol

附表 1-2　常用的力学量的 SI 单位

物理量		单位		备注
名称	符号	名称	符号	
面积	A,(S)	平方米	m^2	
体积	V	立方米	m^3	
位移	s	米	m	
速度	v	米每秒	m/s	
加速度	a	米每二次方秒	m/s^2	
角速度	ω	弧度每秒	rad/s	
频率	f,ν	赫[兹]	Hz	$1\ Hz=1\ s^{-1}$
密度	ρ	千克每立方米	kg/m^3	
力	F	牛[顿]	N	$1\ N=1\ kg \cdot m/s^2$
力矩	M	牛[顿]米	N·m	
动量	p	千克米每秒	kg·m/s	
压强	p	帕[斯卡]	Pa	$1\ Pa=1\ N/m^2$
功	W,(A)	焦[耳]	J	$1\ J=1\ N \cdot m$
能[量]	E	焦[耳]	J	
功率	P	瓦[特]	W	$1\ W=1\ J/s$

注:1. 圆括号中的名称和符号,是它前面的名称和符号的同义词。

2. 方括号中的字,在不致引起混淆、误解的情况下,可省略。去掉方括号中的字,即其名称的简称。

附录Ⅱ 部分中英文物理学名词对照表

力 force
牛顿(力的单位) Newton
重力 gravity
重心 center of gravity
弹力 elastic force
摩擦力 friction force
滑动摩擦 sliding friction
静摩擦因数 static friction factor
动摩擦因数 dynamic friction factor
力的合成 composition of forces
力的分解 resolution of forces
机械运动 mechanical motion
参考系 reference frame
质点 mass point
直线运动 rectilinear motion
位移 displacement
速度 velocity
速率 speed
平均速度 average velocity
平均速率 average speed
瞬时速度 instantaneous velocity
加速度 acceleration
自由落体 freely falling body
重力加速度 acceleration due to gravity
运动学 kinematics
动力学 dynamics
惯性 inertia
牛顿第一定律 Newton first law
牛顿第二定律 Newton second law
牛顿第三定律 Newton third law
失重 weightlessness
惯性系 inertial system
非惯性系 noninertial system
惯性力 inertial force
平衡状态 equilibrium state
力矩 moment of force
曲线运动 curvilinear motion
圆周运动 circular motion
周期 period
频率 frequency
向心力 centripetal force
向心加速度 centripetal acceleration
万有引力 universal gravitation
万有引力定律 law of universal gravitation
引力常量 gravitational constant
第一宇宙速度 first cosmic velocity
第二宇宙速度 second cosmic velocity
第三宇宙速度 third cosmic velocity
功 work
焦耳(功的单位) Joule
功率 power
瓦特(功率的单位) Watt
能 energy
动能 kinetic energy
动能定理 theorem of kinetic energy
势能 potential energy
重力势能 gravitational potential energy
弹性势能 elastic potential energy
机械能 mechanical energy
超重 overweight
机械能守恒定律 law of conservation of mechanical energy

参考文献

1. 人民教育出版社物理室,物理学(第一册),北京:人民教育出版社,1998.
2. 人民教育出版社物理室,物理(第一册),北京:人民教育出版社,2003.
3. 人民教育出版社物理室,物理(第二册),北京:人民教育出版社,2003.
4. 课程教材研究所,物理(八年级上册),北京:人民教育出版社,2006.
5. 课程教材研究所,物理(八年级下册),北京:人民教育出版社,2006.
6. 刘树田,趣味物理课堂,上海:上海社会科学院出版社,2007.
7. 程守洙,江之永,普通物理学,北京:高等教育出版社,2003.
8. 张平柯,陈日晓,自然科学基础,北京:人民教育出版社,2006.
9. 张平柯,科学物理 12,长沙:湖南科学技术出版社,2008.
10. 赵运兵,胡新颜,物理(第二版),北京:高等教育出版社,2019.